什么是心理学？

WHAT IS PSYCHOLOGY?

李　焰　主审

于　晶　邵一飞　苏延恒　吴　岳　编著

大连理工大学出版社
Dalian University of Technology Press

图书在版编目(CIP)数据

什么是心理学?/于晶等编著. -- 大连 : 大连理工大学出版社，2021.9

ISBN 978-7-5685-3018-7

Ⅰ. ①什… Ⅱ. ①于… Ⅲ. ①心理学－通俗读物 Ⅳ. ①B84-49

中国版本图书馆 CIP 数据核字(2021)第 088674 号

什么是心理学? SHENME SHI XINLIXUE ?

出 版 人:苏克治
责任编辑:邵 婉 张 娜
责任校对:齐 悦
封面设计:奇景创意

出版发行:大连理工大学出版社
(地址:大连市软件园路 80 号,邮编:116023)
电 话:0411-84708842(发行)
0411-84708943(邮购) 0411-84701466(传真)
邮 箱:dutp@dutp.cn
网 址:http://dutp.dlut.edu.cn

印 刷:辽宁新华印务有限公司
幅面尺寸:139mm×210mm
印 张:6.25
字 数:115 千字
版 次:2021 年 9 月第 1 版
印 次:2021 年 9 月第 1 次印刷
书 号:ISBN 978-7-5685-3018-7
定 价:39.80 元

出版者序

高考，一年一季，如期而至，举国关注，牵动万家！这里面有莘莘学子的努力拼搏，万千父母的望子成龙，授业恩师的佳音静候。怎么报考，如何选择大学和专业？如愿，学爱结合；或者，带着疑惑，步入大学继续寻找答案。

大学由不同的学科聚合组成，并根据各个学科研究方向的差异，汇聚不同专业的学界英才，具有教书育人、科学研究、服务社会、文化传承等职能。当然，这项探索科学、挑战未知、启迪智慧的事业也期盼无数青年人的加入，吸引着社会各界的关注。

在我国，高中毕业生大都通过高考、双向选择，进入大学的不同专业学习，在校园里开阔眼界，增长知识，提升能力，升华境界。而如何更好地了解大学，认识专业，明晰人生选择，是一个很现实的问题。

为此，我们在社会各界的大力支持下，延请一批由院士领衔、在知名大学工作多年的老师，与我们共同策划、组织编写了“走进大学”丛书。这些老师以科学的角度、专业的眼光、深入浅出的语言，系统化、全景式地阐释和解读了不同学科的学术内涵、专业特点，以及将来的发展方向和社会需求。希望能够以此帮助准备进入大学的同学，让他们满怀信心地再次起航，踏上新的、更高一级的求学之路。同时也为一向关心大学学科建设、关心高教事业发展的读者朋友搭建一个全面涉猎、深入了解的平台。

我们把“走进大学”丛书推荐给大家。

一是即将走进大学，但在专业选择上尚存困惑的高中生朋友。如何选择大学和专业从来都是热门话题，市场上、网络上的各种论述和信息，有些碎片化，有些鸡汤式，难免流于片面，甚至带有功利色彩，真正专业的介绍文字尚不多见。本丛书的作者来自高校一线，他们给出的专业画像具有权威性，可以更好地为大家服务。

二是已经进入大学学习，但对专业尚未形成系统认知的同学。大学的学习是从基础课开始，逐步转入专业基础课和专业课的。在此过程中，同学对所学专业将逐步加深认识，也可能会伴有一些疑惑甚至苦恼。目前很多大学开设了相关专业的导论课，一般需要一个学期完成，再加上面临的学业规划，例如考研、转专业、辅修某个专业等，都需要对相关专业既有宏观了解又有微观检视。本丛书便于系统地识读专业，有助于针对性更强地规划学习目标。

三是关心大学学科建设、专业发展的读者。他们也许是大学生朋友的亲朋好友，也许是由于某种原因错过心仪大学或者喜爱专业的中老年人。本丛书文风简朴，语言通俗，必将是大家系统了解大学各专业的一个好的选择。

坚持正确的出版导向，多出好的作品，尊重、引导和帮助读者是出版者义不容辞的责任。大连理工大学出版社在做好相关出版服务的基础上，努力拉近高校学者与读者间的距离，尤其在服务一流大学建设的征程中，我们深刻地认识到，大学出版社一定要组织优秀的作者队伍，用心打造培根铸魂、启智增慧的精品出版物，倾尽心力，服务青年学子，服务社会。

“走进大学”丛书是一次大胆的尝试，也是一个有意义的起点。我们将不断努力，砥砺前行，为美好的明天真挚地付出。希望得到读者朋友的理解和支持。

谢谢大家！

2021 年春于大连

前　言

在西方，心理学源于两千多年前的希腊，苏格拉底、柏拉图、亚里士多德等哲人都把“心”的探讨视为哲学的主要问题之一。19 世纪末，受生物发展的影响，心理学才开始脱离哲学。1879 年，冯特创立心理实验室，心理学开始成为一门独立的学科。

在东方，春秋战国（公元前 770 年—公元前 221 年）时期的《道德经》以及后来王阳明（1472 年—1529 年）的《阳明心学》都是东方文化中的心理学专著，特别是《道德经》，让西方分析心理学的鼻祖荣格一下子找到了理论根源。中国还有很多作品，如《鬼谷子》《孙子兵法》，甚至是

《三国演义》《西游记》等都蕴含着深刻的心理学的理论与实践。

心理学到底是什么？其科学定义为：心理学是对行为和心理历程的科学研究。行为是心的反映，而心理活动又是怎样的呢？神经生理学、生物学、心理学研究仅仅能解释心理活动的发生发展机制，但个人心里到底在想什么呢？心里的活动是个人最隐匿、最不被别人知道的，同时也有相当大一部分是自己未知的（无意识），这些未知的部分有的是被人们遗忘的，有的是人类遗传的一部分。正是这些未知的领域使你与其他人不同，使今天的你与明天的你不同。

心身一体论研究认为，身体是物质的，心灵是精神的，行为是外在的，而心灵是内在的，精神与物质、外在与内心是分不开的。但是我们在日常生活中，并不了解自己为什么要这么做，为什么要去做这些。我们也常常被一些事情引起情绪的波动。我们终其一生在追求幸福，幸福是什么？太多未知的问题，我们都要弄明白，把自己研究明白了，也就懂心理学了，也就活得更明白了。归根结底，心理学是研究我们人（自己）的科学，是每一个人知识结构中基础的学科。

本书并不想在宏观上探讨心理学大的研究范畴，只想从微观上，甚至从人的行为与情绪入手，探讨研究个人自我心灵发生、发展，甚至是心灵超越与发展的问题，以便通过心理学知识（实际是我们自己的知识）对自己有更多的了解，做自己心灵的主人。当你能越来越多地了解自己的时候，你就能越来越多地理解别人；当你能越来越多地理解别人的时候，你也就能越来越多地原谅自己。随着你对自己的了解越多，你对自己的人生就能有越来越多的掌握，幸福的人生就由你自己来创造。

清华大学李焰教授以专业严谨的态度在本书的编写架构上提出了很多宝贵的意见，并最后审稿。邵一飞在目录编撰方面及大部分内容的编写工作上付出了自己对专业理解、个人感悟及多学科综合方面的才气。苏延恒结合自己个人体验及实践经验做了专业的、实在的分享。吴岳在大量的一手资料基础上，尽可能真实地、富有条理地将心理学知识呈现给大家。

由于编写时间仓促，本书如有不足之处，敬请读者谅解和指正。希望本书对你走进心理学、了解心理学，走进自己、了解自己有所帮助。深深地感谢李焰、邵一飞、苏延恒、吴岳的付出。同时也感谢正在看此书的你们，如果此书中即使有一句话对你们有启发，也是我们的初心。

愿我们都能成为自己心灵的主人！

于　晶

2021 年 4 月 19 日

目　录

心理学可以这么看

世界悬于一线，那根线就是人的心灵。

——荣格

心理学成为一门科学有一百多年的时间了。如果仅从科学的角度出发，短短的几万文字很难将心理学讲透彻。何况我们自己的心灵就像宇宙，浩瀚无比。因此，我们先从人可以直接看到的行为说起，探讨与行为相关的问题。这些也许对你了解心理学有帮助。

▶ 透过行为看心灵

“你看我在想什么？”这是很多人的问题，我们到底会不会通过“看”知道别人在想什么呢？行为与心灵之间确实有一个必然联系，但它不是心灵的全部。

★ 行为是心灵的投射

➡ 什么是行为？

行为，是指有机体在各种内、外部刺激影响下产生的活动。例如，当我们看到或听到一个不认识的字时，可能就会拿起字典来查。查字典及找寻来源，这是由外部刺激（不认识的字及声音）引起的行为。当我们想去旅游时，就可能开始寻找旅游路线，甚至付诸旅游行动。心生念头看似是由内部刺激引起的，但实际上也是我们基于自身的感觉（也许源于自己的身心疲劳，也许是不经意中看到了美景）而形成的行为反应。

其实在日常生活中，人们常常想通过别人的行为来判断对方在想什么。但这个判断常带有很多主观臆断。为此，会产生很多人际误解，甚至是人际矛盾。同时，很多领域也通过个人行为特点来做一些基础工作，如刑侦等，以此为依据再做更深入、更全面的研究，才能最终确定行为反映心理的可信度。

综上所述，行为是这样发生的：

A. 刺激事件，这可能是外界的刺激，也可能是内部的感觉刺激（如身心感觉信号）。

B. 引起了情绪反应及心生念头。

C. 立即付诸行动(有人可能按兵不动,这也是一种行动)。

基于以上论述,我们就会理解,自己的行为一定是自己的心灵反应。就如同我们面对同样的外部事件时,每一个人的反应是不一样的。另外,当我们想弄懂别人的行为或对别人的行为做判断时,也是个人的心灵反应。

➡ 心灵及投射

行为到底是产生于怎样的想法(心灵)呢?这里就涉及心灵、投射两个概念。

心灵,是我们的精神实体。我们的一动一念,感知、记忆、思维、情感、意志都参与其中,并且我们的个性也会被体现得淋漓尽致。因此,精神实在太复杂了,我们要穷尽一生的努力来了解自己的精神或心灵。

投射,是精神分析学派一个非常重要的概念。弗洛伊德于 1894 年提出此概念,用以分析及了解“说者的内心世界”。他认为投射是个体自我对抗内心的道德感时,为减少内心罪恶感所使用的一种防御方式。简单说,投射就是将自己大脑中的想法、情绪、意志或者愿望放到另一个人身上或者一个物品上。投射作用的实质,是个体

将自己身上所存在的心理行为特征推测成在他人身上也同样存在的事件或问题。投射现象无处不在。

例如：有的学生被老师无意中看了一眼，他就认为老师注意到他不认真了；老师批评别人的学习松懈了，他就认为这也捎带着他；等等。这类现象实在是太多了，都是投射因素使然。

➡ 心灵投射的艺术呈现

人们不仅把心灵的内容投射到关系上，也会投射到物体上，比如很多名川大山被赋予了名字。也有人把心灵的内容用一种形式记录下来。

在与自然相处的历史长河中，人类始终在投射自己心灵的内容。法国南部蒙蒂尼亚克小镇的韦泽尔峡谷，这里的一处洞穴中的岩壁上刻画着许多动物，原来这个洞穴是欧洲旧石器时代最重要的遗址之一。通过放射性碳定位，这些岩壁画的创作时间可以追溯到 18 600～18 900 年前。画中的动物图像有着精细的笔触、精美的雕刻和完美的画功，充满活力，仿佛它们都还活着。正是当初绘画的艺术家将他们内心世界蕴藏的动物图像生动地投射到岩壁上，才成就了今天的伟大史前艺术。中国历史上如李白、杜甫、苏轼等文人骚客都经常用诗词歌赋表达内心的情感，这也是一种投射。

除了这些主动表达的投射行为，还有一些让人无法控制的心灵力量，也会通过外在行为持续、奔放甚至疯狂地表达。英国作家毛姆闻名世界的小说《月亮与六便士》就描述了一个原本平凡的伦敦证券经纪人思特里克兰德，突然对绘画艺术着了魔，用画笔投射出自己光辉灿烂的内心世界，把生命的价值全部注入绚烂画布的故事。

心理学上有一种观点：每个人眼中的世界是不一样的，你眼中的世界只是你的世界。我们在人生中都会碰到挫折与磨难。在这个过程中，这些挫折与磨难对每个人行为的影响却大相径庭。不同行为模式的背后涵盖了迥然各异的心理内容，包括认知水平、情绪、情感体验、内心冲突和思维方式等。这些心理内容有意、无意地控制着我们。荣格提出自我意识的概念，他认为自我意识是指个体对自己存在状态的认知，是个体对其社会角色进行自我评价的结果，觉察到自己的一切而区别于周围其他的物与其他的人。这就是自我，就是自我意识。

自我意识是个体对自己的认识。自我意识的出现，使人们不仅能认识和改造客观世界。而且能认识和改造主观世界，世界上的每一个人正是在形成自我意识的基

础上开始展开与这个世界人与事的互动，进而在喜怒哀乐的情绪流淌过程中从事着改变世界、改变自己的行为。

行为是心灵内容的投射，而心灵内容千人千面。所以，最重要的是我们通过学习首先了解自我，加强自我意识；其次，减少对自己心灵投射的误读。这不仅能让自己更快乐，也能让自己的人际关系更加和谐。

★ 主流心理学学派对行为的解读

关于人的行为到底是受外界环境的影响，还是受个体主观控制，在心理学界一直存在很大争议。我们把目前较流行的心理流派有关行为的研究成果呈现给大家。

➡ 行为主义学派的行为解读

行为主义学派的代表人物有美国心理学家华生、斯金纳等。华生在他的著作《行为主义》一书中有这样一段描述：给我一打健康的婴儿，给我一个专门的环境培训他们，我保证从他们之中任意选出一个，都能将他培训成我所选择的任何一种专家——医生、律师、艺术家、大商人，当然还有乞丐和小偷，而不论他们的才能、爱好、能力、秉性如何，也不管他们的祖先是什么种族。华生特别强调外界环境因素对人行为的重要作用，他是属于典型的环境决定论者。

与华生理念一脉相承的心理学家是 B. F. 斯金纳，他是美国新行为主义的代表人物、操作条件学习的创始人，也是行为矫正的开创者。他的理论在很多领域至今仍有应用，如自闭症和精神疾患的治疗以及问题行为的矫正，心理学界很多心理咨询师都在使用的认知行为疗法就有斯金纳理论的影子。斯金纳在俄国著名生理学家、心理学家巴甫洛夫用狗所做的著名实验——经典条件反射实验——的基础上以鸽子和白鼠为实验对象，对操作行为进行了深入的研究，形成了操作性条件反射的斯金纳箱方法。在实验中，斯金纳箱内部有一个可以压动的杠杆或者啄动按钮，还有一个盘子，可以接住自动传送的食物，这个装置可以自动记录白鼠压杆或鸽子啄动按钮的频率。鸽子和白鼠被训练成从最开始在箱子内自由活动就能吃到食物到最后压动杠杆或啄动按钮才能吃到食物的状态。斯金纳由此针对行为提出一个非常重要的概念——强化，并把强化分为正强化和负强化。例如，有位母亲拿着一叠彩色的卡片与正在上幼儿园小班的儿子制定了孩子人生中第一个正式的“游戏规则”：儿子早晨七点准时起床并自己完成穿衣，奖励蓝色卡片一张；在幼儿园期间表现突出，奖励黄色卡片一张；在家帮助妈妈干活一次，奖励红色卡片一张。当卡片累积到一定数量时即可以实现近期最想实现的愿望，比如买最想吃的一种零食，或者是最想要的玩具等。妈妈把它叫作代币游戏。儿子在奖励的刺激下，刚开始几个月做事非常积极主动，得到了一些小的奖励；随着游戏的不断深入，儿子想要的东西越来越多，兴趣爱好也在这个过程中得到建立。这就是由外界环境引起的正强化过程。负强化在日常生活中也经常被家长和老师使用。

斯金纳在他的理论中还深入探讨了其他相关的强化模式，主要有连续强化和间歇强化。对于人产生的精神病、神经症等心理问题，斯金纳认为是由于不适当的负强化和粗暴的处罚造成的。

阿尔伯特·班杜拉是新行为主义的主要代表人物之一、社会学习理论的创始人、认知理论之父、美国当代著名心理学家。他提出了社会学习理论。他认为来源于直接经验的一切学习现象实际上都可以依赖观察学习而发生，其中替代性强化是影响学习的一个重要因素。他认为人的多数行为是通过观察别人的行为和行为的结果而学得的。他主张：强调观察学习在人的行为获得中的作用；重视榜样的作用；强调自我调节的作用；奖励较高的自信心。所有这些思想都是十分可取的，值得我们借鉴和参考。

➡ 认知学派的行为解读

认知学派的代表人物有皮亚杰、布鲁纳、奥苏贝尔、托尔曼和加涅等。认知学派认为学习是人们通过感觉、知觉得到的，是通过人脑主体的主观组织作用而实现的，并提出学习是依靠顿悟，而不是依靠尝试与错误来实现的观点。该观点认为关于学习的心理现象，是以“有机体内部状态”——意识——为中介环节，受意识支配的，他们以 S－O－R(Stimulus-Organism-Response)(O 为中介环节)这一公式代替 S－R(Stimulus-Response，行为主义)这个公式；我们学习，不是机械地接受刺激，而是主动对相关刺激进行解释。

➡ 人本主义学派的行为解读

人本主义学派的创始人之一亚伯拉罕·马斯洛，提出了著名的“需要层次理论”。马斯洛认为人类行为的心理驱力是人的需要。他把人的需要分为五个层次，从底层开始向上依次是：生理需要、安全需要、社交需要、尊重需要、自我实现需要。后来，他在尊重需要和自我实现需要之间又加上了认知需要和审美需要。他认为，人必须按照这些层级需要依次往上满足。比如，人类只有先填饱肚子，才能进一步发展下一个层级的需要。人类满足

了生理需要后，为了继续维持生存，就要发展安全需要、社交需要。在安全需要与社交需要被满足后，人类就要追求尊重需要。这些需要都被满足以后，人类就会产生自我实现需要。马斯洛指出：音乐家必须去创作音乐，画家必须作画，诗人必须写诗。如果最终想达到自我和谐的状态，人就必须要成为他能够成为的那个人，必须真实地面对自己。马斯洛认为人的行为都是围绕这些需要展开的。他的理论开始关注个人的内心体验，提出了高峰体验的概念。他认为高峰体验是一种超越一切的体验，其中没有任何焦虑，有回归自然或天人合一的愉快情绪，类似于他乡遇故知、金榜题名时的感觉。

人本主义学派的另外一位代表人物卡尔·罗杰斯的观点是与行为主义的学习理论根本对立的。他反对行为主义认为的学习是机械的刺激和反应联结的总和。他认为个人学习行为的主要因素是心理过程，是个人对知觉的解释。罗杰斯认为，如果两个人对知觉的解释不同，那么他们所认识的世界以及对这个世界的反应也不同。因此，要了解一个人，要考察一种学习过程，只了解外界情境或外界刺激是不够的，更重要的是要了解学习者对外界情境或外界刺激的解释或看法。

➡ 精神分析学派的行为解读

精神分析学派是弗洛伊德在毕生的精神医疗实践中，对人的病态心理经过无数次的总结、多年的累积而逐渐形成的。主要着重于精神分析和治疗，并由此提出了人的心理和人格的、新的、独特的解释。精神分析学派的最大特点就是强调人的本能的、情欲的、自然性的一面，它首次阐述了潜意识的作用，肯定了非理性因素在行为中的作用，开辟了潜意识研究的新领域。弗洛伊德重视人格的研究，重视心理应用。精神分析学派的主要工作是协助来访者发现现行行为的潜意识基础，该学派认为内在的行为是受过去的因素（潜意识）所支配的，即人类早期发展影响了行为，该学派旨在帮助人了解过去。

弗洛伊德认为，人的心理是由本我、自我和超我三层结构组成的。本我是一个无意识的结构，是同肉体相联系的本能和欲望，按"快乐原则"活动；自我是一个意识结构，是认识过程，按"现实原则"活动，感受外界影响，满足本能要求；超我是一个由社会灌输的伦理观所形成的结构，按"至善原则"活动，用来制约自我。精神分析学派的后续者发展了客体关系、自体关系以及依恋理论的研究，这些研究都认为儿童时期的家庭环境影响了一个人的潜意识。他们进而认为，一个人的行为大部分是潜意识的

反映，潜意识是童年时期在原生家庭有未满足的需要、未完成的事件及不被认可的欲望等累积下来，并成为日后行为的动力。

荣格的分析心理学是在精神分析理论基础之上，更进一步研究潜意识。荣格用无意识来解释他的理论，认为无意识分为个体无意识和集体无意识。个体无意识是个体在成长过程中被压抑的需要及被遗忘的记忆都成为无意识内容，以情绪色彩集结成情结，在特定的环境下就会自主地干扰意识的活动。集体无意识是荣格对于心理学的贡献，是指人类精神的遗传，人类共同的行为就是集体无意识原型的呈现。在遇到典型情境时，原型会发挥创造的力量，衍生出见义勇为、美好的祝愿、从众破坏等行为。而个体无意识既受个体实践的影响，同时也可以找到集体无意识原型的根源。

➡ 积极心理学派的行为解读

积极心理学是 20 世纪末兴起的一股新思潮，积极心理学之父塞里格曼反对疾病模式的心理方法，主张关注人的积极情绪及积极品格。积极情绪是积极心理学研究的一个主要方面，它主张研究个体对待过去、现在和将来的积极体验。积极品格主要通过对个体各种现实能力和潜在能力加以激发和强化来形成。当激发和强化使某种现实能力或潜在能力变成一种习惯性的工作方式时，积极品格也就形成了。积极品格有助于个体采取更有效的应对策略，塞里格曼进而提出人类 6 大类 24 种积极人格特质，培养这些特质的最佳方法之一就是增强个体的积极情绪体验。

以上这些主流心理学学派从不同的角度研究了人的行为。总而言之，人的行为不是单纯的刺激－反应。人的行为一方面受成长中累积下来的无意识影响，另一方面也受成长中的人格品质、认知结构影响。同时，行为也是可以被强化训练的。因此，搞清楚我们自己的行为缘起，就可以把握自己现实的行为。

★ 你怎么看自己的行为？

普通心理学认为，心理学是一门研究心理现象及规律的科学，是研究人的行为和心理活动规律的科学。任何人在展开活动的过程中，都夹杂着复杂的心理过程，包括对外界事物及自身的认知过程、受到外界事物刺激后的情绪发展过程以及情感起伏变化过程，这些过程或多或少会影响人的行为。

➡ 感觉、知觉与心灵

我们拥有相似的人类大脑和身体结构，通过五官来接受外界的信息，通过刺激来认识这个世界。当信息进

入我们的大脑后，经过加工处理，转化成内在的心理活动，进而支配人的行为。心理学把这个过程叫作认知。每一个人获得信息的过程主要是感觉和知觉。感觉其实是类似于物理学理论的一个概念——感应属性，也就是一切物质之间可以相互发送信息并加以识别的那个属性。比如，人类的五官就有不同的感应这个世界的能力，进而形成了视觉、听觉、嗅觉、味觉和触觉，使我们每个人心中形成了丰富多彩的世界。综合感觉后我们形成了知觉，并获得了知识和经验。这些知识和经验在外界刺激停止后，并没有马上消失，而是继续保留在我们每个人的大脑中，并在需要的时候再现出来。这种感觉、知觉积累和保存的过程，在心理学中称为记忆。一般的灵长类动物就停留在感觉、知觉的水平上，但是人类作为不同于普通动物的高智生物，不仅能够直接感知外界的具体事物，同时能够理性地认识事物的表面联系，还能运用头脑中已有的知识和经验去间接、概括地认识新事物，揭露事物的本质、内在规律，形成事物的概念，进行推理、判断、总结。这一过程在心理学中称为思维，也叫理性思维，或者就叫理性。所以在我们人类身上，感觉、知觉发生在前，理性思维发生在后。我们发现，随着时代的进步，人类理性思维高速发展，感觉、知觉能力却一路下倾。

➡ 情绪与心灵

一个人内在的情绪和动机是行为的调节控制器。每个人在与外界事物互动的过程中还会产生对事物的态度,比如欢喜、愤怒、悲伤、恐惧、憎恨等情绪或情感。情感是在认知的基础上产生的,并影响着行为。心理学理论中有众多涉及情绪的理论,最有名的理论应该是情绪ABC 理论。情绪 ABC 理论是由美国心理学家阿尔伯特·艾利斯创建的理论,他认为激发事件 A(activating event 的第一个英文字母)只是引发情绪和行为后果 C(consequence 的第一个英文字母)的间接原因,而引起 C 的直接原因则是个体对激发事件 A 的认知和评价而产生的信念 B(belief 的第一个英文字母),即人的消极情绪和行为障碍结果,不是由于某一激发事件直接引发的,而是由经受这一事件的个体对它不正确的认知和评价所产生的错误信念直接引发的。例如,妈妈严格要求孩子学习,孩子很不舒服(在孩子心目中,妈妈是温暖的象征,与严厉不匹配),于是对学习就产生了抵触情绪。如果孩子的感觉为“妈妈看到我的不努力,要求得对”,那么孩子的状态就是认真努力地学习。

与此同时,人类的认知和行为不仅受情绪、情感的影响,而且是在动机的支配下进行的。动机的基底层是我

们人类的各种需要，比如生存需要及生理需要。为了满足这些需要，人就要自觉地确定目标、克服障碍，并有意识地调节和支配自觉行为，以实现预定的目标。这个过程中展现的心理过程，心理学上称之为人的意志的体现，也是人与动物的本质区别。

➡ 个性与心灵

人在接受刺激、获得经验及知识的过程中，会形成各种各样的心理特征，同时也受这些心理特征的影响。比如：有的人反应特别快，而有的人反应比较慢；有些人喜欢一类事物，而有些人喜欢另一类事物；等等。普通心理学认为，人的心理反应有些是稳固、持续出现的心理特征，我们称之为人格。例如，某人是一个充满热情的人，另一个人是特别固执的人，这些就是他们不同的、稳固的心理特征。人格的内容包括能力、气质和性格等，是多种心理特征的独特集合。弗洛伊德最早提出了人格结构理论，他把人格结构分为本我、自我和超我。他认为本我、自我和超我之间不是静止的，而是始终处于冲突-协调的矛盾运动之中。这三者组合成不同的人格类型，进而会产生不同的行为反应，导致不同的行为后果。所以说“性格决定命运”这句话从心理学角度来解释还是具有一定道理的。

➡ 潜意识与心灵

俗话说:万物皆有灵。意思是说人和动物都有心理。但是人与动物在适应自然的过程中形成的心理内容是完全不同的,本质上的区别就是人类具有意识。我们没有看到过一条能进行四则运算的鱼,也不可能遇见会运用勾股定理来追捕猎物的狼,至今这个世界上只有人类才具有理性思维能力。心理学将知识、思维、判断等被人类确知的经验集合称作意识,也叫自我意识。但是人的意识心理下方,还有非常复杂的无意识(潜意识)内容。无意识是指人类心理活动中,不能认知或没有认知到的部分,是人们“已经发生但并未达到意识状态的心理活动过程”。个体无意识内容可能是一段痛苦的思想、一个无法解决的难题、一种内心的冲突。在正常情况下,人既觉察不到也不能自我调节和控制无意识,但是无意识会扰动意识层面的正常行为,导致人情绪的失控、行为的变形,甚至精神的失常。

★ 能否我行我素?

➡ 人的社会需要

马克思说,人的本质是一切社会关系的总和。生物学家研究发现,绝大多数生物是生活在群团当中的。比如，蚂蚁、蜜蜂这些昆虫纲的生物就生活在一个个群体中，形成自己的王国社会。在蚂蚁群体中，有工蚁、兵蚁、蚁后等不同分工的蚂蚁种类，它们分工合作，维系着蚂蚁社会结构的稳定。在哺乳动物中也同样存在社会群团，比如猴子、狮子群体。我们人类也是，几乎所有的人类个体都是在与其他人的社会交往中度过一生的。从出生开始，我们就在家庭中、在学校中、在工作中不断与人沟通交流，接触一个又一个社会群团。在这个过程中，人们学习了知识，习得了经验，创造了文明。于是人类文明社会持续发展，对这个世界产生了深远而持久的影响。

我们人类个体不可能轻易地离开社会群团，随心所欲地过上单纯、简单的个人生活。每个人从出生那天起，就开始与这个社会互动，在互动交流的过程中慢慢形成各种自我意识。

➡ 社会群体中的自我意识

人与人相处，就涉及这样一个概念：自我意识。自我意识是指个体对自己身心状况、人与自我关系的认知、情感以及由此产生的意向。简单地说，自我意识是个体对自己身心状况的意识。自我意识是一个多层次的心理系统，一般分为自我认知、自我情感和自我意向。自我意识形成后，个人就慢慢发展出生理自我、社会自我和心理自我。生理自我是每一个人对自己的身体、性别、体形、容貌、年龄、健康状况等生理状态的意识。生理自我始于出生 8 个月左右,3 岁左右基本形成。也就是说,在 3 岁这个年龄段,每一个人基本可以真正清楚地意识到有一个“我”存在,“我”与其他人是不同的存在。在这一阶段,从心理学意义上来看,个体以生理需要为主,且未形成个性心理品质,但是先天遗传的气质特点起到了一定的作用,比如,有的幼儿容易哭闹,有的幼儿相对安静。因此,3 岁看大这句话从心理学角度来看,是指一个人遗传的生物性,可以说生理自我在一定意义上是真正的自我。在生理自我形成阶段,我们与父母、兄弟姐妹的互动,成为个体社会化的开端和基础,父母在这一过程中起到非常重要的作用。

现代社会中,我们一般踏入的第一个社会场所就是幼儿园,在这里开始形成社会自我。在这个场所里,我们开始接受社会的洗礼,每个人不可能再像在家中那样享受着来自父母的无私呵护和宠爱,可以自由自在、我行我素,甚至任性妄为。幼儿园这个社会组织开始引导我们每个人认知纪律规定、是非观念、信念态度等各种社会模式,我们也从这里开始掌握社会的道德和文化,学会社会的道德规范和道德行为,发展起自己的世界观、人生观和

价值观。从生理自我发展成为社会自我是一个必然的过程，否则个体很难适应人类社会。

心理学家一致认为社会自我的形成和发展是持续一生的过程。每个人在每个年龄段都有不同的追求和喜好，比如，童年期喜欢各种玩具和糖果，成为少年后喜欢各种对抗激烈的运动。社会自我最为突出的表现应该是在每一个人的青春期。进入青春期的少男少女，身体外形发生变化，身高、体重迅速增加，第二性征出现。此时，有的女孩可能对自己的体形变化感到不安，对月经来潮感到彷徨，为发胖的身体而发愁，为逝去的童年而伤感；有的男孩则为自己长得矮而泄气，为力气小而自卑，为脸上的青春痘而懊恼。需要注意的是，社会心理学认为社会自我形成具有关键期，错过了关键期将对个体造成不可逆转的伤害。

社会心理学认为除生理自我和社会自我之外，心理自我也是自我的重要内容。心理自我是个体对自己智力、兴趣、爱好、气质、性格诸方面心理特点的意识。在情感体验上表现为自豪、自尊或自卑，在意志取向上表现为追求能力的发展、智力的进步，追求理想、信仰以及注意行为符合社会规范等。

★ 行为是可以被改变的吗？

➡ 自控力与行为

普通心理学认为一个人的感知觉能力、理性思维能力以及动机强弱、情绪稳定性等都会影响人的行为，决定一个人的行为走向。

在众多因素中，人的自控力是决定人一生行为的非常重要的因素。20 世纪 60 年代，美国斯坦福大学心理学教授沃尔特·米歇尔在一间幼儿园进行了"自控力测试"的实验。实验者从幼儿园里找来数十个儿童，让他们每一个人单独待在一个小房间里。房间里有一张桌子和一把椅子。桌子上放着一个托盘，托盘里放着棉花糖。实验者告诉孩子："你可以马上吃掉棉花糖，但是，如果你等我回来，就可以得到两颗棉花糖。"孩子也可以按响桌子上的铃，然后把棉花糖吃掉。15 分钟后，实验者会重新回到房间里。实验开始后，为了抵御棉花糖的诱惑，有的孩子捂住眼睛，有的孩子转过身去，有的孩子则做一些踢桌子、拉小辫子的小动作。3 分钟后，大多数孩子坚持不住了，一些孩子甚至没有按铃就偷偷把棉花糖吃掉。最终有约三分之一的孩子成功抵御了棉花糖的诱惑。15 分钟后，实验者重新出现，并且兑现了奖励，坚持到底的孩子

每人得到了两颗棉花糖。1981 年，米歇尔重新联系了当年参与实验的孩子，此时他们已经是高中生了，他给这些孩子的父母、老师发去调查问卷，针对孩子的制订计划能力、长期规划能力、处理问题能力、同伴关系以及学习成绩进行了调查。分析了调查问卷的结果后，米歇尔发现，那些没能抵御棉花糖诱惑的孩子更容易出现行为上的问题：学习成绩更差，难以面对压力和保持与他人的长久友谊，等等。成年以后，这些孩子更容易出现体重超标、吸毒等问题。他追踪那些擅长等待的孩子，发现他们在各方面都要出色许多，他们的学习成绩比前者平均高出 210 分，成年后拥有更多的朋友，更受他人的欢迎，能更好地管理压力。通过这个实验，米歇尔认为即使是最聪明的孩子，没有自控能力，他也不能有效完成自己的行为。如果孩子能够很好地控制自己的行为，那么这对他的一生都会产生积极的意义。

➡ 行为习惯与人生发展

美国心理学家威廉·詹姆斯曾经说过：播下一个行动，收获一种习惯；播下一种习惯，收获一种性格；播下一种性格，收获一种命运。习惯是什么呢？习惯就是刺激与反应之间的稳定联结，是一种稳定的、自动化的行为。俄罗斯教育家乌申斯基认为：任何一种习惯都是反射行为，行为的习惯性有多深，它的反射性就有多大。我们每个人身上都有一些很好的习惯，也有些不好的习惯。但习惯不是与生俱来的，它一定是后天形成的。教育和培养可以使人形成新的习惯、新的反射，因此人是可以把握自己命运的。

▶ 心灵是一种精神实体

当我们心灵有反应时，是大脑、内分泌系统、神经系统等一系列系统在协调工作。这一过程既是精神的，又离不开我们身体的物质基础。

★ 心灵源泉——大脑

➡ 卓越的人脑

智人在这个地球上存在了25万～30万年的时间，慢慢开始接管和改造这个星球。是什么原因使得猿能够走出丛林，进化成人类？答案是智人有超越一切生物智能的大脑。在生物界，神经系统经历了从无到有、从简单到复杂的演化过程，是多细胞生物的身体结构日益大型化和复杂化的产物。在五六亿年之前，在蠕虫状生物中首次出现了神经组织。在无脊椎动物中，章鱼的脑最大，可与鱼脑相仿，其神经细胞数多达1.7亿个，但与人脑神经

细胞相比，显然是微不足道的。尽管如此，由于章鱼具有发达的眼睛和由众多触手组成的十分精巧的触觉系统，因此，它被广泛地应用于关于心理学学习与记忆的实验研究。在无脊椎动物的神经系统中，脑并未占据主导地位，但是随着脊椎动物诞生，大脑结构复杂化成为进化的主流。在很多鱼类和鸟类中，掌管躯体平衡和运动协调的小脑就高度发达。从总的趋势来看，在脊椎动物的演化历程中，脑越来越发达，即越是进化的类群，大脑的体积越大，神经之间的连接也越复杂。譬如，恐龙的大脑只有体重的十万分之一，鲸鱼为千分之一，大象为六百分之一，人类则达到了四十五分之一。但是，并非所有情况都像我们预期的那样，因为老鼠的大脑占到体重的四十分之一，美洲产的一种小型长尾猴则更是高达二十五分之一，但它们却没有人类有智慧。

➡ 人类的大脑及功能

人类的大脑相对于人体来说的确不大，但脑神经细胞的数量惊人，一般为 140 亿～160 亿个。大脑的主要部分有中央核、边缘系统和大脑皮层。

人类的智慧虽然远超目前地球上的各类物种，但是人脑仍旧要负责很多诸如呼吸、饮食、睡眠等活动的功能，这部分脑区我们叫它中央核。中央核有时也被称作

"原始脑",因为它的基本构造的进化史可以追溯到亿万年前的非人类物种,比如爬行动物,甚至鱼类。中央核由小脑、脑桥、延髓、网状结构、丘脑和下丘脑组成。各个组织都有不同的功能,比如小脑控制着身体的平衡,接收来自肌肉的信息并协调肌肉的运动和控制平衡。有的人饮酒过量后不能有效控制自己的肢体动作和身体平衡,就是因为过度的酒精摄入导致小脑功能被麻痹抑制。脑桥用来连接小脑的两部分,脑桥内大量的神经束可以传递运动信息,协调肌肉的运动并整合身体左、右两侧的运动。延髓控制着大量的身体机能,比如呼吸和心跳。网状结构由激活脑的其他部位以立即产生身体唤醒的神经元群构成。网状结构会过滤某些输入的刺激并把重要的信息传送到脑的其他区域。此外,网状结构还帮助控制唤醒功能,使我们在睡觉的时候过滤掉背景刺激以确保我们睡觉不被打扰。丘脑是感觉传导的接替站,除嗅觉外,各种感觉的传导通路均在丘脑内更换神经元,而后投射到大脑皮层。在丘脑内,只对感觉进行粗糙的分析与综合,然后它再往上传递到脑的更高级部分——大脑皮层。丘脑也会整合来自大脑皮层的信息,并将它们传递到小脑和延髓。在丘脑下方是下丘脑,虽然它的质量只有 4 克,占全脑的 0.3%左右,但是它是自主神经的皮质

下最高中枢，边缘系统、网状结构的重要联系点，垂体内分泌系统的激发处。下丘脑是大脑皮层下调节内脏活动的高级中枢，它把内脏活动与其他生理活动联系起来，具有调节体温、饮食、水平衡、血糖和性行为等重要的生理功能。

边缘系统是指高等脊椎动物中枢神经系统中由古皮层、旧皮层演化成的大脑组织以及和这些组织有密切联系的神经结构和核团的总称。古皮层和旧皮层是被新皮层分隔开的基础结构。边缘系统的重要组成包括海马结构、海马旁回及内嗅区、齿状回、扣带回、乳头体以及杏仁核。边缘系统控制着与人类情绪和自我维持相关的多种基本机能，比如饮食、繁殖和攻击。一旦边缘系统受损，人的行为会发生明显变化。临床研究还发现，损伤边缘系统较为广泛的区域之后，病人极易发怒，在社交场合表现出强烈的情绪反应。边缘系统尤其是海马结构对学习和记忆起到重要作用。生物学家通过动物实验发现，海马结构受损之后，动物对周围环境中新异刺激的朝向反应增强。当新异刺激重复出现时，这种反应难以消退。这说明动物的“记忆”能力有损伤。这样的案例在人类身上也会出现，比如有一位患者手术后记不起自己住了八年的地方，却能加入活跃的谈话，但几分钟后不能回忆起刚才讨论的内容。

中央核和边缘系统在人类和其他动物中都普遍存在，但是人类与其他动物的显著区别在于人的大脑有大脑皮层，负责人脑 80%的功能，同时它具有评估、判断、思考和精密逻辑等能力。大脑皮层是调节躯体运动或者说控制躯体运动的最高级中枢。它由初级感觉区、初级运动区和联合区三部分构成。人类大脑皮层的神经细胞约有 140 亿个，面积约为 2 200 平方厘米，主要含有锥体形细胞、梭形细胞和星形细胞（颗粒细胞）及神经纤维。根据大脑皮层的不同特点和功能，可以将大脑皮层分为几个重要区域。机体的各种功能在大脑皮层具有定位关系，如运动区、感觉区、联合区。但定位关系是相对的，这些中枢也分散有类似的功能区。如大脑皮层中的中央前回主要管理全身骨骼肌运动，称为运动区，但中央前回也接受部分的感觉冲动。中央后回主管全身躯体感觉，但刺激该区也可产生少量运动。大脑皮层除了一些特定功能的中枢外，大部分区域称联合区。临床实验证明，某一中枢的损伤并不使人永久性完全丧失该中枢所管理的功能。经过适当的治疗和功能锻炼，还可由其他区域代偿而使该功能得到一定程度的恢复。可见，大脑皮层是意识活动的物质基础。人类正是因为拥有了大脑皮层，才有了想象能力，有了抽象思维的能力，有了认识世界和触摸内心的能力。

★ 感知觉是接收外界信息的重要窗口

➡ 感觉

感觉是人类依赖身体上的感觉器官（如视、听、嗅、味、触等五官感受器）接收外部世界信息，形成不同能量形式的自然刺激，再转换为神经冲动，上传到大脑皮层中枢的过程。人类感觉到底重不重要？感觉的能力是否是无限的？感觉能力是由什么规定的呢？

感觉是维护人类身心健康的重要因素。1954 年，加拿大麦吉尔大学的心理学家赫布和贝克斯顿开展了一个名为“感觉剥夺”的实验。他们招募了一些大学生做被试者，这些大学生每忍受一天感觉剥夺就可以获得 20 美元的报酬，当时的 20 美元报酬相当于这些大学生一周的兼职报酬，是一笔不小的收入。参加实验的大学生的工作就是每天 24 小时躺在有光的小房间里的一张极其舒服的床上。但是在实验过程中，大学生们除了吃饭和上厕所外，被严格控制任何信息感觉输入：他们被戴上一个半透明的塑料眼罩，可以透进一些微弱的散光，但是图形被阻止了；他们的手和胳膊被套上了用纸板做的袖套和手套，用来限制他们的触觉；同时，小房间中一直充斥着单调的空气调节器的嗡嗡声，使得听觉也被限制了。

实验开始没多久，大学生们就逐渐难以忍受，不得不要求立刻终止这个实验，并快速离开。实验结束后，有的大学生报告说，实验过程中他们对任何事情都无法做清晰的思考，他们的注意力和思维变得十分困难；有的大学生报告说，在实验期间出现了幻觉，如昏暗且燥热的光、电视机屏幕等。

感觉是不断发展进化的，特别是进入人类社会后，感觉应该是进化到了最丰富的形式。我们知道，动物是不主动吃盐的，只有人类主动吃盐。人类学家研究发现，这是因为文明社会的出现导致人类食物结构发生改变，肉类占比减小，谷物占比增大。特别是进入农耕社会，辛勤劳作导致大量的汗水排出，盐分随着汗水流失导致体内盐分下降，于是人类开始大规模开采盐类矿产。食盐又在一定程度上促进了人类味觉的进化。

感觉能力是有规定性的。心理学上把感觉分为三种——特殊感觉、躯体感觉和内脏感觉。其中，特殊感觉包括视觉、听觉、嗅觉、味觉和平衡觉等，这些感觉正是通过我们用来感知世界的五官来实现的，但是这些感觉却是非常有限的。比如，我们人眼可识别到电磁波长在400～800 nm的可见光。其他包括听觉、嗅觉、味觉、平衡觉都有一个阈值范围。除了极少数感受器变异增强的

人类，我们每个人基本都在这个能力范围内接收世界的信息。

还有一个重要的感觉，叫肤觉。所有的肤觉，包括触觉、压力觉、温度觉和痛觉，对人类机体的生存具有十分重要的作用。心理学上还有一个概念叫"联觉"。这是涉及各种感觉之间相互作用的心理现象，即由对一种感觉器官的刺激作用引发另一种感觉。比如，在夏天我们穿浅色的服装会给人一种凉快的感觉；在异乡吃到一种你熟悉的食物，会让你内心产生一种温暖的感觉；等等。特别有名的联觉案例就应该是三国时期发生的"望梅止渴"的故事。

➡ 知觉

知觉是我们认识世界的初级加工模式。普通心理学对知觉的定义是人类对信息加以组织和解释的过程。它是人类在感觉基础上，把外界刺激信息在大脑中重构一个更有意义的心理表象的过程。因此，知觉与感觉相比，感觉只是一个单纯的外界刺激信息在生物体上的反应，而知觉是对这些刺激反应的解释、分析、判断和整合的过程。感觉是知觉的基础，知觉是感觉的深入与发展。感觉能力越强，知觉水平越高。

与感觉一样，知觉也有其自身的特点：

第一，知觉具有恒常性。恒常性是指生物个体面对外界客观条件在一定范围内变化后，依据经验能保持不变的心理倾向。人类乃至大量的生物依据自己周围的世界，慢慢形成很多恒定不变的知觉意识。我们都会在不同的距离、方位、光影下感知我们所遇到的外界万物。虽然被感知对象的大小、形状、颜色等外部属性会因环境的变化而不同，但是我们对万物的知觉却不随条件变化而变化。心理学上把知觉恒常性分为大小恒常性、亮度恒常性、形状恒常性和颜色恒常性。

第二，知觉具有选择性。人类的感觉器官功能非常强大，能够感受外界丰富多彩的信息刺激，但是如果我们的大脑对所有的刺激信息同时进行加工整合，一定会造成大脑不堪重负，使人出现精神问题。因此，我们的大脑不会对所有的刺激信息同时进行加工，我们总是根据自己当下的需要，有选择性地对其中一些刺激信息进行反应。这个选择性的组织加工过程，就是知觉的选择性。这个特性有点类似于单反相机的对焦功能，我们的大脑如同全自动的单反相机一样，能够自觉地对焦那些最先引起我们反应的感受，并根据经验快速形成知觉内容，同时模糊其他刺激信息。

第三，知觉具有整体性。心理学另一个学派——格式塔心理学派，对知觉的整体性进行过深入的研究，并且提出了知觉整体性的几个原则：一是邻近律，它是指人们优先倾向于把时间与空间上接近的物体知觉成一个整体；二是求简律，是指人们在知觉过程中会倾向于知觉最简单的形式；三是连续律，是指人们会把具有连续性和共同方向等特点的物体作为一个整体加以知觉；四是闭合律，是指人们在知觉一个熟悉或连贯性的模式时，如果缺损某个部分，我们的知觉会把它补充上，并以求简律的原则去知觉它。

第四，知觉具有理解性。丹麦心理学家鲁宾在 1915 年设计了著名的人面花瓶图(图 1)。在这幅图中，很多人第一眼望去会看到在一个白色的背景板上摆放着的黑色花瓶，再仔细看就会发现黑色花瓶的两边是两张面对面的白脸。

图 1　人面花瓶图

研究发现，人们在知觉过程中，会根据自己的知识及经验储备对感知到的外界事物按照自己的理解方式进行加工处理，用语言加以概括、整理并进行最后定义。知觉的理解水平往往受制于个人成长环境、受教育程度，以及兴趣爱好、工作经历等的影响。比如，不同心理的人对人面花瓶图会产生不同的理解：陶艺手工艺人可能习惯把白色作为知觉对象；学校老师可能习惯把黑色看作师生之间的一场交流。在知觉当中还有一种非常特殊的现象，心理学把它叫作视错觉，是指人们对外界事物的失真或扭曲的视知觉反应，是视知觉与引起知觉的物理刺激特征之间明显不相符的现象。心理学界著名的视错觉有缪勒-莱尔错觉、奥尔比逊错觉等。

★ 意识与无意识

➡ 意识的光明

意识是我们对自身状态、行为方式以及周围世界的觉知，是人类特有的心理现象。

在心理学领域，意识一直是研究时间最长、研究范围最广、研究程度最深的一个领域。德国心理学家冯特从1879年在德国莱比锡大学创建第一个心理实验室开始，就把意识作为其研究的主题。随后威廉·詹姆斯开始把

对意识的研究看作心理学领域的核心。20 世纪 60 年代，随着认知心理学和人本主义心理学的兴起，意识研究再次成为心理学领域的一个重要课题。以弗洛伊德为代表的精神分析学派和以荣格为代表的分析心理学学派对意识的研究达到非常高的水准，至今仍是心理学界非常经典的学习内容。

心理学一般把意识分为焦点意识、边缘意识、下意识、无意识和非意识。精神分析大师弗洛伊德认为，意识层次理论阐述了人的精神活动，包括欲望、冲动、思维、幻想、判断、决定、情感等，它们会在不同的意识层次里发生和进行。不同的意识层次包括意识、前意识和潜意识三个层次。他认为意识即能够随意想到、清楚觉察到的主观经验，有逻辑性、时空规定性和现实性。荣格在经典精神分析理论基础上创立了分析心理学，他的理论认为意识是心理中唯一能够被个人直接知道的部分，是通过思维、情感、感觉、直觉四种心理功能的应用而逐步发展起来的，外倾和内倾两种心态决定了意识的发展方向。

意识，是人类和动物大脑的一切活动及结果，即具有自觉性的思维。我们人类最重要的活动就是增强意识部分，使更多的言行成为自觉意识下的活动。

➡ 无(潜)意识的动力

弗洛伊德著名的“冰山理论”认为冰山露出水面的只是一小部分意识,但冰山隐藏在水面下的绝大部分前意识和潜意识却对人的行为产生重要影响。前意识虽不能立即显现,但经过努力可以进入意识领域成为主观经验。潜意识是原始的冲动和原始本能,通过遗传得到的人类早期经验,如个人遗忘的童年时期的经验和创伤性经历,不合理的各种欲望和感情。弗洛伊德将这种结构做了一个比喻:潜意识系统是一个门厅,各种心理冲动像许多个体,相互拥挤在一起。与门厅相连的第二个房间像一个接待室,意识就停留于此。门厅和接待室之间的门口有一个守卫,他检查着各种心理冲动,对于那些不赞同的冲动,他不允许它们进入接待室。被允许进入接待室的冲动,就进入了前意识的系统,一旦它们引起意识的注意,就成为意识。

荣格认为在意识下方存在无意识,并且把无意识划分为个体无意识和集体无意识。集体无意识的发现是荣格对于心理学界的重要贡献。个体无意识是容纳所有与意识功能和自觉的个性化不协调、不一致的心理活动和心理内容,它也许一度是意识中的体验,由于种种缘故而被压抑和忽视,如一段痛苦的回忆、一个无法解决的难

题、一种内心冲突等。集体无意识则是我们人类从祖先那儿继承的，一些先天倾向或潜在的可能性，即采取与自己祖先同样的方式来把握世界和做出反应，如对蛇和黑暗的恐惧。

我们是无法觉察潜意识的，但它影响意识体验的方式却是最基本的——我们如何看待自己和他人，如何看待日常活动的意义，我们所做出的关乎生死的快速判断和决定能力，以及我们本能体验中所采取的行动。

无意识作为人的动力基础是人的行为的决定因素（弗洛伊德的冰山理论）。无意识冲动总是力求得到满足而上升到意识领域。

无意识蕴藏着我们一生有意无意、感知认知的信息，又能自动地排列组合分类，并产生一些新意念。

所以，我们心理动力工作的重点是把无意识意识化，让无意识上升到意识领域，使我们的日常活动更有方向性。

★ 理性来源于学习，但依旧是感性的奴仆

➡ 智慧诞生于学习

当人类的智慧被调动出来时，文明就随之诞生，智慧

之门随之打开，人就超越了动物般的感知属性，从此人被称为人。但是很多人会认为智慧这个属性只有人类有，或者说学习这个能力只有人类有，这就片面了。

地球几十亿年的生物演化，生物的感知能力不断提高，进而一步一步发展出感性、知性，最后到人类的理性思维。当代生物学家研究发现，学习现象在五亿年前在扁形软体动物身上就发生了。比如海里的章鱼，生物学家对其进行实验，在它面前放置白色和黄色两张卡片，当章鱼触碰白色卡片时就电击，当触碰黄色卡片时就给食物。生物学家持续让章鱼在这两张卡片之间做选择，章鱼在经过 20 多次电击以后，再见到白色卡片就退缩，见到黄色卡片就趋近，这表明在这些低级水生生物身上已经出现学习现象。这种最原始、最简单的学习叫惯化学习。

在高级动物中开展的学习实验是著名的俄国著名生理学家、心理学家巴甫洛夫所做的经典条件反射实验。后来，美国心理学家在此基础上又进行了操作性条件反射实验。比如，一个孩子因把自己的玩具分给其他小朋友玩耍而受到父母表扬，这种表扬就是一种正强化，使得这个孩子具有下次有了好东西愿意分享的倾向，因为他知道这种行为会受到赞赏。反之，如果当孩子犯错误时，

对孩子的这个行为进行惩罚，那就是负强化。流行于20世纪早期的行为主义学派就很认同行为强化对个人心理的影响。他们因为把人的行为活动简化为刺激—反应的行为模式，忽视人是社会化的存在物，把人的心理动物化或生物学化，把有效地控制人的行为作为心理学的最终目的，所以最终走向没落。

随着心理学的不断发展，人类对学习的研究越发深入。比如，美国心理学家托尔曼等人发现一种名为潜在学习的学习现象，就是在没有强化的情况下发生的。心理学家为此进行了老鼠走迷宫的实验，这一实验进行了17天，每天一次。在这个实验中，第一组实验老鼠在迷宫中乱跑，当它们碰巧跑出迷宫时也得不到任何食物奖励，结果是这些老鼠犯了很多错，花了较长的时间才到达迷宫的终点。第二组实验的老鼠在到达终点时就能获得食物奖励，因而这些老鼠学会了迅速、直接地到达目的地，而且犯的错误很少。第三组老鼠在前10天跑出迷宫时不给予奖励，第11天开始跑出迷宫就得到食物奖励，很快这些老鼠跑出迷宫的时间与错误率明显下降，它们的行为水平马上达到了第二组老鼠的水平。据此，社会学家认为，未获得奖赏的老鼠在迷宫四处活动时就了解了迷宫的布局，一旦强化物出现后，潜在学习行为就立刻出现了。

心理学家班杜拉研究发现，人类的大部分学习属于观察学习，是指通过观察另一个人或榜样的行为进行的学习。心理学家认为，观察学习对于技能的获得十分重要，而且表明观察学习能否被贯彻学习的一个关键因素是被学习榜样是否因他的行为而受到奖励。

▶ 社会环境下的心灵绽放

心灵能够绽放，人生才能活出精彩与意义。我们都是社会中的一员，我们所有心灵的发展与自由都应该是在一定的社会环境下进行的。因此，如何在社会环境下绽放心灵是一个永久命题。

★ 人格面具

➡ 人格面具的由来

人格面具这个词最早见于希腊文，本义是指歌剧演员在一出剧目中扮演某个特殊角色而戴的面具。后来瑞士心理学家荣格把这个词运用到其原型理论当中，称为从众求同原型。他认为在不同的社交场合中人们会表现出不同的形象，也就是戴上不同的面具。因此，面具不只有一个，而人格就是所有面具的总和。人格面具是一个人适应社会的过程，社会心理学将此称为社会化，是指个

体与社会环境的交互作用而实现的自我发展、自我改变的过程。它包括两个方面的含义：一是指社会按其文化价值标准把一个新生儿培养、教化并塑造成符合社会要求的社会分子的过程；二是个人通过学习，掌握社会的知识、技能和规范，取得参与社会生活的资格，发展个人的社会性的过程。

➡ 人的社会化与人格面具

按照传统的观点，人的社会化进程是通过人的一生完成的。个体从婴儿期开始，经过童年、少年、青年、成年直到老年，都在不断地经历着个体的社会化过程。例如，一个人走完一生，他从小就开始不断地扮演各种社会角色：学龄前他是一位天真烂漫的顽童；上学后他是一位品学兼优的学生；参加工作后他又转化成社会指定的一些角色，如医生、老师、警察等。人类社会正是由于社会化功能的存在，才使人类文明得到不断发展和进步，才使人类社会保持安定的局面，也使个体在社会中获得人性的表达和心灵的绽放。

➡ 社会化发展的关键期

人类社会化具有关键期，错过了这个关键期，人的精神发育和心灵成长会受到不可逆转的损害。深度心理学则认为，人在童年时期形成的人格特质非常关键，人的一生只是在不断重复童年时期的人格状态而已。弗洛伊德认为人的人格特征是在 4～6 岁的俄狄浦斯期这个关键期形成的，并在 6 岁之前几乎全部塑造完成。依恋理论认为妈妈与 0～3 岁孩子之间的二元关系，是孩子与妈妈建立关系、形成人格的重要阶段，强调一个人早年与母亲所建立的依恋模式，不仅会影响他与母亲的关系，也会影响后来的人际关系。一个人的依恋类型（安全型依恋、不安全型依恋）在早年一旦确立，就会对他今后在社会中的人际关系产生持续和稳定的影响。与精神分析学派一脉相承的客体关系理论认为任何人与外在世界建立的最早的关系是妈妈的乳房，也就是说当人还是婴儿的时候，先是与乳房建立关系，然后才是妈妈，最后是这个世界，因为生物越先接触的事物越具有奠基性、稳定性和持久性，显然这个理论也是有一定道理的。

★ 偏偏喜欢你

为什么很多人在茫茫人海中会被某一个人所深深吸引，出现了偏偏喜欢你的现象？在日常生活中我们一定听说过“第一印象”这个词，用心理学语言解释就是知觉主体与陌生客体第一次社会交往与接触的所得印象。这个印象对人们形成对人或事物的总印象具有较大影响，常常成为人们决定自己第二次乃至今后交往的依据。心

理学认为第一印象之所以起到巨大作用，是因为由最初的信息形成的表象没有受到识记中前摄抑制（当我们学习英语单词时，我们以前学习过的汉语拼音对我们的记忆有干扰，这就是前摄抑制）的影响。

研究表明，当一个人见到另一个人时，第一印象在前3秒就确定了，而且是在没有任何语言交流的前3秒，因为别人已从你的形象、气质窥见了你的基础特征，这就是社会认知，它是个体、社会关系等社会性刺激所进行的认知活动。每一个人会根据从小形成的对他人、社会关系等社会刺激来形成自己的认知判断，就像每个人在脑海中预先撰写了一部这个世界的《认知百科全书》。它帮助我们在短时间内回忆、识别、定义、解释这个世界的人或事，从而让我们靠近我们喜欢的人，远离我们讨厌的人。这也是弗洛伊德及荣格所说的潜（无）意识在起着重要的作用。

生物学家认为人的第一印象是动物印随学习在人类社会中的沉淀。生物学家曾经做过这样的实验：一只小鸭子刚刚出生，人们就把它与鸭妈妈分离，小鸭子一睁开眼睛，看到的第一个对象是一个绿盒子，生物学家不断地牵动这个绿盒子，然后这个小鸭子就总是跟着这个绿盒子运动，等到这个小鸭子长大，它始终不认它的母亲，甚至在它求偶的时候，它的求偶对象都必须是在绿盒子里，它才会产生兴趣。

★ 傲慢与偏见

很多人在学生时代都读过英国作家简·奥斯丁的长篇小说《傲慢与偏见》，书中的女主人公伊丽莎白出生于小地主家庭，被富家子弟达西所追求，达西不顾门第与财富的差距，向伊丽莎白求婚，却遭到拒绝。其中一个原因是伊丽莎白对达西的误会和偏见，但根源是她讨厌达西的傲慢，因为达西的傲慢态度背后是两者之间的地位差异。作者通过小说想表达的是只要存在这种傲慢，达西与伊丽莎白就不可能有共同的思想感情，也不可能有理想的婚姻。由此，每一个人的成长环境与后天的性格有极大的关系。在人与人相处的过程中，“相似”是极其重要的因素，而有时“相异”也相当具有吸引力。

社会心理学中有一个概念叫刻板印象，是指人群当中的一部分群体的、非常顽固的信念和期待。任何人在成长过程中会对生活中遇见的事件、人物、信息加以分类、整理，在此基础上形成自己的价值判断以及对事物的认知，最终形成各种各样的刻板印象。小说《傲慢与偏见》中的主人公伊丽莎白是在小地主家族的环境中成长

起来的，形成了对结婚对象的理想模型，而这个理想模型非常牢固地扎根在其脑海中，左右其对爱情、婚姻的价值判断。

刻板印象会引发偏见，常见的影响偏见的因素涉及人种、地域、文化、宗教等多方面原因，现实社会中的偏见现象依旧显性或隐性地存在。小说《傲慢与偏见》中达西身上弥漫着的那种傲慢气质，也是建立在他的成长环境基础上，缓慢浸润的结果，文化影响的因素占比则更高一些。

与傲慢与偏见相对应的一个心理现象叫自卑。自卑心理在某种程度上甚至是傲慢与偏见产生的原因。心理学认为自卑又称自卑感，是指个人体验到自己的缺点、无能或低劣而产生的消极心态。著名心理学家阿德勒在其著作《自卑与超越》一书中就对自卑问题进行过深入的讨论。他认为自卑是人类正常的普遍现象，其根源是个体在其幼年时期不良养育产生的弱小的无助感，随着成长过程的推进形成的心理、生理和社会的障碍。

★ 依恋与分离

➡ 依恋与人的健康发展

在约翰·鲍尔比《依恋》三部曲中详细记录了这样一

个案例，即著名的恒河猴实验。1959 年，美国心理学家哈洛与他的同事报告了一项研究成果：让新生的小猴子从出生第一天起就同母亲分离，以后的 3 个多月中同两个假妈妈——铁丝妈妈和布料妈妈——在一起。铁丝妈妈的胸前挂着奶瓶，布料妈妈没有。实验发现，虽然当小猴子同铁丝妈妈在一起时能喝到奶，但它们宁愿不喝奶，也愿意同布料妈妈待在一起。哈洛由此得出结论：与喂食相比，身体的舒适接触对依恋关系的形成起到重要作用。父母与孩子之间经常保持肌肤接触，会给孩子心理上带来很大的安全感，而安全感是一个人人格稳定的重要因素。在安全感的基础上依恋理论还提出一个非常重要的概念：安全基地，这个安全基地一般是由妈妈担任的。鲍尔比认为“足够好”的妈妈会让孩子在早期的关系中体验到爱和信任，他由此觉得自己是可爱的、值得被信赖的。

研究认为，童年依恋严重缺失会影响人格的发展，而后天有机会弥补或是通过学习不断超越原生家庭的影响也是一个重要的选择。

➡ 分离与健康成长

我们每个人最初都活在自己的想象世界中，接着就开始在原生家庭中依次从与母亲互动的二元关系过渡到与父亲、母亲互动的三元关系，以及与同胞竞争的多元关

系中，最后进入现实社会。在这个过程中，脑海中的想象世界不断地被验证或是破灭，最后真正实现与原生家庭的分离。3 岁之前，母子的共生关系是主旋律，我们每个人一生中要与妈妈经历三次分离：第一次分离是出生时与妈妈肉体上的分离；第二次分离是 6 个月时，婴儿个人意识觉醒后，发现自己和妈妈是两个人，心理上与妈妈开始分离；第三次分离则会从 3 岁开始直到 18 岁，甚至用一生去完成这个分离。现实社会中，我们经常会发现一些成年人处于一种心智不成熟的状态，他们举手投足之间带着孩童的气息，像没有断奶的孩子，有位心理学者给这类人取了一个好玩的名字：巨婴。这位心理学者认为这类人很有可能是因为在很大程度上还停留在与母亲的共生状态之中，还没有与原生家庭的重要成员——妈妈、爸爸、兄弟姐妹——分离开来，进而发展成具有独立人格的人。

当爸爸加入与孩子的互动后，依据精神分析理论的观点，当孩子在 3～5 岁时，孩子会和父亲、母亲构建一个三角关系，父亲是自己世界之外的第一个他人，象征着外部世界，父亲会有意识地把孩子带向外部世界，帮助孩子与外部世界建立关系。在这一阶段，经典的精神分析理论把它称为俄狄浦斯期：在这期间男孩会把母亲作为爱恋的对象，因而与父亲竞争母亲的爱；女孩则相反，把父亲作为爱恋对象，与母亲竞争父亲的爱。假如孩子在这一阶段不能顺利地度过，就会固着在这一时期，形成俄狄浦斯情结，影响他（她）一生与异性交往的关系。

6岁以后，孩子与家庭开始分离，因为从这时开始，孩子开始进入学校，接受老师的教育，与其他孩子互动，从此孩子拥有了更广阔的空间和更复杂的人际关系。上过学的人记忆中一定有这样一个熟悉的场景：

上课铃响起，老师缓缓走进教室，班长喊道："全体起立。"同学们齐刷刷地站起来，然后老师说"同学们好"，大家说"老师好"，最后一起坐下开始上课。这一系列的过程，我们从小学，有的甚至从幼儿园就开始进行训练。行为上，我们接受着统一的训练，同时又接受标准的科学知识，参加有标准答案的考试，直到大学毕业。在这漫长的学生生涯中，我们学会了从众，形成了群体思维，顺从于社会主流文化的影响，最终被磨砺成一个社会人。

心理问题是病吗？

我们的烦恼和痛苦都不是因为事情本身，而是因为我们加在这些事情上面的观念。

——阿德勒

日常关系冲突中，我们会看到这种现象：当冲突的一方说“你有病”，另一方就开始愤怒，大多会回应一句“你才有病”。其实生活中如果一个人真有病躺在病床上，我们一定有恻隐之心去照顾他；如果知道他有精神病可能也不去触犯他。为什么生活中常见的一句对话中的“病”，就难以让人接受呢？这个“病”的含义是什么？到底是什么“病”呢？在本章我们着重来讨论一下心理问题、心理疾病、心理障碍等。

▶ 心理问题的误读

★ 大众眼中的心理疾病

心理学上首先是区分心理健康和心理不健康。心理不健康又根据心理问题的轻重分为一般心理问题、严重心理问题、神经症性心理问题。

心理不健康(心理正常)一般属于心理咨询师诊治的范围,再严重(心理异常)的就属于精神科医生的诊治范围了,心理咨询作为辅治手段。现实中我们一般可以把心理不健康认为是有心理问题。

心理障碍指的是由于生理、心理或社会原因而导致的各种异常心理过程、异常人格特征的异常行为方式。

心理疾病是相对于精神疾病区分的一个概念。相关心理不健康的情形都可以称为心理疾病,患者心理是正常的、可控的、有自知力。而精神疾病患者则是心理异常、不受控制、没有自知力。

➡ 什么是心理健康?

人人都希望幸福,但幸福包含许多种,其中最重要的一点就是健康。因为健康和人们的家庭幸福、学业成功和社会发展总是联系在一起的。没有了健康,就算拥有

再多的财富也是枉然。

联合国《世界卫生组织宪章》对健康的定义为：所谓健康就是指在身体上、心理上、社会适应上完全处于良好的状态，而不仅仅是单纯的没有疾病或虚弱状态。这说明，一个人的健康，不仅是指生理健康，还有心理健康和社会适应良好两个方面。

心理健康是健康的重要组成部分。心理健康指的是心理的各个方面及活动过程处于一种良好或正常的状态。比如，有积极进取的人生态度，有良好的自我意识，享有和谐的人际关系，保持乐观的情绪状态，有健全的人格，等等。具体标准有：

- 正视现实，接受现实。
- 接受他人，善与人处。
- 理解自我，悦纳自我。
- 能适当地表达情绪。
- 心理行为符合年龄与性别特征。
- 人格健全。
- 承担责任，乐于工作。

如今，社会发展飞速，许多人在高强度的学习和工作压力下，面对激烈的竞争，人际交往中的各类事件，琐碎的生活问题，对学习、生活失去了信心，郁闷难受，造成了心理的失衡。人们的身体健康受到了严重影响。

➡ 如何看待心理健康“亮黄灯”？

随着科学的飞速发展和当代社会的快速变化，我们需要具备较高的心理素质来适应时代与社会的要求，需要更关注心理健康，警惕心理健康“亮黄灯”，也称为心理“感冒”。

其实，心理同身体一样都会“感冒”，因为身体健康和心理健康都是健康的组成部分。所以我们就借用“感冒”这个词来更形象地说明心理亚健康或一般心理问题的状态。而且就像“感冒”一样，我们平常需要重视心理保健，一旦出现了状况便要积极应对，同时，也请别把它当成洪水猛兽，也许每个人在不同的阶段都会经历一些或大或小的心理困惑，这都属于心理正常的范畴。那么心理健康“亮黄灯”是怎样的状态呢？就像身体“感冒”时会鼻塞、流鼻涕、咽痛、咳嗽一样，心理“感冒”时也会有一些表现特征：某一阶段心烦意乱，郁郁寡欢，闷闷不乐，情绪不太稳定；吃不下，睡不好，注意力难以集中，做什么都没什么兴趣；身体也可能出现了某种“疾病”，或者听到别人说

“你最近怎么变得脾气这么大”；等等。这些情况每个人的表现程度不同，但这样的状况与平时相比是反常的，这就是心理健康“亮黄灯”的信号。

心理健康“亮黄灯”有以下具体几方面的表现：

• 情绪方面：易怒、急躁、忧虑、紧张、冷漠、焦虑不安、崩溃等。

• 行为方面：过量吸烟、喝酒，不勤快、不娱乐等。

• 身体方面：心悸、胸部疼痛、头痛、掌心冰冷或出汗、消化系统问题（如胃部不适、腹泻、恶心或呕吐）、免疫力降低等。

当然这些都需要先排除躯体问题之后才可考虑是否由心理原因造成的。此时说明心理健康的“黄灯”已经亮起，一定要引起注意了。

➡ 什么是心理不健康？

心理不健康是一种失衡的心理过程。例如，一个人的苦恼是由现实因素引起的，持续时间为一个月，社会功能受到轻微影响，但情绪反应尚未泛化，即情绪反应没有迁移到其他方面，属于心理不健康中的一般心理问题。

心理不健康除一般心理问题外，还有严重心理问题和神经症性心理问题。

严重心理问题是指由相对较强烈的现实性刺激所激发，初始情绪反应比较剧烈，持续时间较长，内容充分泛化的心理不健康状态，此时，内心冲突仍是常形的。倘若内心冲突变形，社会功能受损，但又不足以确诊为神经症，则有可能为神经症性心理问题。心理健康和心理不健康均属于心理正常范畴。

★ 精神病、心理疾病和心理问题

很多人由于对以下内容不懂，常常有了一点儿负面情绪就会紧张，认为自己得了精神病。而有的已经有很严重的心理问题，甚至是心理疾病或是精神类疾病，仍认为自己没有问题，不去就医，贻误了干预治疗的时间。

➡ 什么是心理正常和心理异常？

心理健康与不健康，正常与不正常，它们之间是这样的关系：心理健康和心理不健康都属于心理正常的范畴，是具备正常的功能的；而心理异常则是丧失了正常功能的心理活动，属于"有病"的范畴。所以，从临床心理学角度出发，心理状态包括心理健康、心理不健康、心理异常。心理健康"亮黄灯"有可能导致心理不健康或心理异常，也可以理解为这是一个逐渐发展的连续体。当一个人处

于心理不健康的时候，需要寻求专业的心理工作者的帮助，有效则重返心理健康，无效或任其发展，则可能出现心理不正常的状态，也就是“有病”的状态。

➡ 神经病与精神病的区别

我们在生活中见到一个人行为有些异常，常会说这个人是“神经病”，这其实是一种错误的解读。我们本意表达的可能是这个行为异常的人有精神障碍，但却误用“神经病”来表述。

神经病是指人身体上的神经或神经系统出现器质性病变，通俗点说就是肉体上的病，如半身不遂、肌肉萎缩等，要到医院的神经科治疗。

而精神疾病是指严重的心理障碍，患者的认知、情感、意志、动作行为等活动出现持久的、明显的异常，主要是思想意识形态上的病。精神疾病患者不能正常学习、工作、生活；动作行为难以被一般人理解；在病态心理的支配下，有自杀或攻击、伤害他人的行为。精神疾病可分为精神分裂症、狂躁抑郁性精神病、更年期精神病、偏执型精神病、器质性病变伴发的精神病等。

➡ 精神不健康的划分

心理专家认为，精神不健康可划分为三个层次。第一层次是精神疾病，是指一些重度的精神障碍，即所谓的精神病人。它包括意识障碍、精神分裂、躁狂症等，这一类型的精神疾病需要精神病医院或精神科医生专门治疗。第二层次是心理障碍，如焦虑、妄想、幻觉、抑郁等，需要心理咨询再辅以药物治疗。第三层次是心理问题，主要是比较常见的孤独感、抑郁情绪、烦躁等，只要得到合理的心理调整就可以解决。存在心理问题的多数人处于第二层次和第三层次之间，属于轻度的心理问题，并非精神疾病，通过心理咨询可以解决。

★ 情绪低落是心理问题吗？

人非草木，孰能无情？每个人在生活中都曾体验过不同的情绪。情绪能给人带来快乐和满足，也会让人遭受到痛苦和折磨。

➡ 情绪

情绪是对客观事物是否满足人的需要而产生的一种主观体验。简单说，就是需要得到满足，就会产生正性肯定的情绪；需要得不到满足，就会产生负性否定的情绪。比如，你自己很希望喝一杯咖啡提一下神，恰巧就能得到，这不仅满足了你喝咖啡的需要，也会使你产生一种幸福的体验，感觉很开心。但是，如果周围没有咖啡，只能得到一杯白水，你会觉得自己的需要未被满足，就会产生失望及遗憾的感觉。由此看来，情绪是对客观事物的反应。情绪低落本身只是一种反应，并不是心理问题。但是，过度的情绪反应和持久的消极情绪就会给身心健康带来危害。

➡ 过度或持续的情绪反应的结果

过度的情绪反应是指情绪反应过度强烈，超过了一定的限度。如情绪低落到非常无力，什么都不想说、不想做，这种情绪冲击打破了大脑皮层兴奋和抑制之间的平衡，使得平常的意识范围狭窄，正常的判断力、自制力被削弱，甚至有可能使人精神错乱、神志不清、行为失常。假如你没有得到咖啡，你认为是朋友故意所为，有意让你生气，你就有了愤怒，致使你们的关系破裂。这就是过度的情绪反应。

持久的消极情绪是指引起悲、忧、恐、惊、怒等消极情绪的因素消失后，过了数日、数周甚至数月都不能自拔。持续性的情绪失落，常常会使人的大脑机制严重失调，从而导致各种神经症和精神疾病，如焦虑症、抑郁症、强迫症、神经衰弱等。心理疾病和心理问题大多和长期消极有密切关系。再假设，因喝咖啡没有被满足，你恨朋友，见到任何一个人都会说起此事，以至于你泛化为朋友都不可靠，并且也因此以为自己也可能是不被别人喜欢的人。少了交往，少了朋友，既有对自己的不满，也因此对朋友有了很深的怨恨。这种长时间的持续的负面情绪就可能引发神经症，再严重还有可能引发精神疾病。

★ 遇到这些心理问题找谁去？

我们在生活中一定会遇到一些情绪问题，甚至引发心理问题。一般情况下，我们把日常中可能会出现的一些问题试着用以下的调整方法使自己恢复到正常。但当你调整不好时，可以试试寻求专业人士的帮助。

➡ 绝对化要求的心理问题

- 什么是“绝对化要求”？

绝对化要求是以自己的意愿为出发点，认为某一事物必定会发生或不会发生的信念。这种特征通常与“必须”“应该”“一定”联系在一起。以下几种认识都是绝对化要求：

①我学历高，领导应该把这个机会给我。

②我付出了那么多，我的朋友应该知道我的苦心，不能辜负我。

③这次考试我一定要成功。

④我为他做了那么多，我不想失去他。

⑤我一定打败她，让他喜欢我。

当一个人抱着这种信念，那么当领导没有把这个机会给他，或者朋友不知道他的苦心，或者一次考试没有成功，或者关系真的失去了，或者真的比不过她时，带给他自己的就是深深的失望。不仅是失望，在此过程中还会嫉妒中烧，消耗内在大量的能量。这就是绝对化要求带来的心理问题。

• “绝对化要求”如何调整？

对于绝对化要求，简单的调整方法就是将“必须”“应该”“一定”替换成“希望”“喜欢”，举例如下：

①我学历高，我希望领导把这个机会给我。

②我付出了那么多，我希望我的朋友知道我的苦心，不要辜负我。

③这次考试我希望能成功。

④我为他做了那么多，我不想失去他，我努力一下，希望他回心转意。

⑤我希望能打败她，让他喜欢我。

如果是抱着以上的信念，那么当期待与现实不相符时，个体的感受和前面的“必须”“应该”“一定”是不是不一样？这就是以改变“绝对化要求”来改变认知的一种方法。

- 调整练习

请对以下绝对化要求的认知进行调整，建议大家感受一下调整前后内心体验的不同。

①（调整前）这次好不容易找到了一个朋友，我一定不能失去他。

（调整后）这次好不容易找到了一个朋友，我希望不要失去他（有可能会失去）。

②（调整前）我花了那么多的时间和精力，这次应该能考好。

（调整后）我花了那么多的时间和精力，希望能考好（有可能考不好）。

③（调整前）既然我嫁给了他，他就应该对我负责一辈子。

（调整后）既然我嫁给了他，我希望他对我负责一辈子（有可能他不负责）。

➡ 糟糕至极的心理问题

• 什么是“糟糕至极”的想法？

糟糕至极是一种认为事物的可能后果非常可怕、非常糟糕，甚至是一种灾难性的不合理的信念。比如以下的几种想法都有着糟糕至极的特点：

①这次考试没考好，我这辈子完了。

②我失去了这次机会，我的一生完了。

③她离开我了，没有她，我的生活丝毫没有意义。

当抱有以上想法时，一个人的心理状态怎么可能稳定？他为他正经历的失败赋予了重要的意义，越是赋予重要的意义便越觉得自己失去的就是人生的全部。

• “糟糕至极”的想法如何调整？

建议一个人在调整“糟糕至极”的想法时可以这样告诉自己：没有一种事情是百分之百的糟糕透顶。比如“我这次考试没考好，还好我发现了我不足的地方”“我失去了这次机会，塞翁失马，焉知非福”……当一个人逐渐学会这样调整自己的思维时，就会发现失败对他的负面影响有了一定程度的下降。

- 调整练习

请对以下“糟糕至极”的想法进行调整，建议大家感受一下调整前后内心体验的不同。

①(调整前)我这个人简直失败透顶。

(调整后)我在这次考试中失败了，我要总结经验，下次不会再错(坏事并不总是坏的)。

②(调整前)我这个人干什么事就没顺利过。

(调整后)我这个人干这件事就没顺利过，但其他事情还可以(也不是总那么不顺)。

③(调整前)我没有研究生学历，什么也干不了。

(调整后)我没有研究生学历，找工作比较难，但是总会有适合自己的工作(我可以找一个对学历要求不是很高的工作)。

➡ 以偏概全的心理问题

- 什么是“以偏概全”的想法？

“以偏概全”的主要特征是以某一件或某几件事来评价自身或他人的整体价值。比如：一个人总是迟到，我们便会觉得这个人整体品行都有问题；一个人不注意细节，我们便觉得“小事见精神”，这是个不认真负责的人；等

等。当你觉得一个人"整体不行"时，你就不愿意与他相处，并越来越觉得与他相处会给你带来很多不舒适的感觉。以偏概全的语言常会有："你总是……""你就是……人""你永远都不可能会做好一件事"。这样的心理不仅会影响关系的建立，也会让自己处于负面情绪中。

- "以偏概全"的心理问题如何调整？

调整的时候建议应以评价一个人的具体行为和表现来代替对整个人的评价。比如：将"他这人怎么这么差劲"的想法调整为"这个人有点自私，但有的时候还是愿意帮忙的"；或者当自己遇到失败，以前总是非常自责，会说"我这个人一无是处！"，可以把这个想法调整为"我英语成绩不好，但是我的数学、物理还是不错的"；等等。这样一来，大家可以感受一下情绪也会相应变化了很多。

- 调整练习

请对以下"以偏概全"的想法进行调整，建议大家感受一下调整前后内心体验的不同。

①（调整前）我这个人又丑、又没钱，家庭背景又不好，没有出路。

（调整后）我这个人又丑、又没钱，家庭背景又不好，这使我比较能吃苦，经常思考自己的差距并提醒自己。

②（调整前）我患有慢性病，什么也干不了。

（调整后）我虽然患有慢性病，但可以根据身体状况选择工作的种类。

③（调整前）他离过两次婚，这个人肯定有问题。

（调整后）他离过两次婚，也许他对婚姻情感生活要求太高，也许他的缘分还没有到，合适的人肯定在某处等着他。

➡ 进行自我心理调适时如何寻找资源？

除了上述认知改变调适方法，我们也要善于寻找资源调适。所谓资源就是在个体身边存在的支持系统，这些支持系统包括每个人的亲朋好友、同事（包括上级领导）以及专业的心理工作者，后者就是大家通常所说的“心理咨询师”或者“心理医生”。当一个人自己调整没有效果时不妨求助他人，特别是找专业的人士。懂得求助他人也是一种很好的自我调整的方法。

▶ 常见的几种心理问题或疾病

在前面一章中，我们提到过心灵非常复杂，我们的人

生也相当丰富多彩。我们很难说一生中不会遇到艰难的事，也很难说不会出现心理问题。因此，了解这些心理问题或心理疾病的症状，对于预防及干预是有帮助的。

★ 我开心不起来（抑郁）

➡ 什么是抑郁症？

我们可能经常会听到“我抑郁了”这样的话语。可能仅仅是有抑郁情绪而已，但也可能真的是得病了。

抑郁是人们生活中体验到的一种不良情绪，也有许多医生称其为“情绪感冒”。可想而知，抑郁症是一种非常普遍的疾病。也许我们一生中没有遇到，也许遇到过一次，也许几次，也许终身带着症状生活。

抑郁症经常表现为情绪低落、沮丧、忧伤、苦闷、兴趣减退、悲观失望、自觉疲惫乏力或精神不振，还有的人会产生说不出的不适感，或坐立不安、心慌、出汗、睡眠障碍、食欲性欲衰退，严重者会出现自杀、自残行为。

抑郁症主要是人的情绪受到影响，智力和意识方面没有改变，所以抑郁症患者通过积极的、恰当的治疗，是可以康复的，然后正常地工作、生活和学习。

➡ 用心理疗法治疗抑郁症

- 支持性心理治疗：又称一般性心理治疗，常用的技术为倾听、解释、指导、疏泄、保证、鼓励和支持等。抑郁症的支持性心理治疗每次需要 15～30 分钟。最初1～3次心理治疗，主要用于解决问题和制定治疗性协议，明确医生与患者在治疗中的责任。

• 精神动力学治疗：又称精神分析疗法，是潜意识（力比多）受阻而产生的心理问题。目前推荐用于治疗抑郁症的精神动力学治疗主要为短程疗法。一般为每周 1 次，共 10～20 次，少数患者可达 40 次。在治疗结束前，一般会安排 2～3 个月的随访。这种治疗的主要目的是帮助患者认识抑郁症的潜意识内容，从而控制自己的情感症状和行为异常，同时能更好地处理遇到的问题。

• 沙盘疗法：这是荣格分析心理学的疗法，也是动力学疗法之一，认为抑郁是受无意识影响的，是能量受阻而产生的。在沙盘中，沙、沙具、水等都可以把无意识带入外部世界，让来访者的能量流动起来，使他能很好地认识自己的问题，并找到解决问题的方法。这也是目前治疗抑郁症较有效的方法之一。

• 认知疗法：认知疗法的目标是帮助患者重建认知，校正抑郁症患者的偏见。其中包括对既往经历的错误解释，也包括对未来前途的错误预测。其实，认知疗法是一

个学习过程，治疗师帮助抑郁症患者澄清一些问题，纠正他们错误的假设。

- 行为治疗：这种治疗主要研究患者的行为异常，而不太注意患者的主观体验。它根据的是条件反射理论，通过写日记、参加娱乐活动、松弛训练、提高社交技能等方法，使抑郁症患者建立新的反射模式，包括行为上和心理上的反射。

- 人际心理治疗：这是一种为期3～4个月的短程心理治疗方法。人际心理治疗的目的主要在于改善患者的人际交往功能，适用于轻度、重度抑郁症患者。可以改善抑郁症患者的人际关系，改善抑郁症的程度。

- 婚姻、家庭治疗：婚姻治疗也叫夫妻治疗，是以夫妻为治疗对象，侧重夫妻关系和婚姻问题的一种治疗方法；家庭治疗则是以家庭为单元，家庭成员全部参与其中。十多年来的应用证明，这种治疗方法对抑郁症患者有好处。

除此之外，还有格式塔（完形）疗法、叙事疗法、正念疗法等，都可以为抑郁症的干预和恢复带来极大的帮助。

★ 我经常有不确定的担心(焦虑)

➡ 什么是焦虑症?

在你面临一次重要的考试之前,在你第一次和某一位重要人物会面之前,在你的领导大发脾气的时候,在你知道自己得了某种疾病的时候,当你感觉你的恋人想离开你的时候,当你知道因成绩不理想会落榜时……你可能都会感到焦虑不安。

焦虑是指人们对于所处的不良环境产生的一种不愉快的情绪反应。焦虑的产生迫使人们萌生逃避或摆脱这种不良环境的主观意愿,故在一定程度上,焦虑是一种"保护性反应"。一个人一生中不一定都是一帆风顺的,因此,每个人都可能有不同程度的焦虑体会。在正常情况下,人们针对所接触的环境或事物可以产生出不同的情绪反应。

随着处境的改善,产生的症状会慢慢消失,情绪趋于稳定,这就不能算病。只有对那些发生在日常生活中的很小挫折都会引起强烈的情绪反应的人来说,才能算病。在临床上,我们把由于很小的原因所引发的,以比较严重焦虑为中心的一组症状称为"焦虑症"。按照现代心理学的划分,焦虑症属于中度心理不健康的范畴。

➡ 引起焦虑的原因

随着社会发展和竞争的日益激烈，患焦虑症的人数不断增加。人们为什么会面临如此众多的焦虑？我们必须从自然界、社会、人的心理、认知活动以及人格特征来分析。这些因素可以概括为：

- 天灾人祸。天灾人祸会引起紧张、焦虑、失落感或绝望，甚至认为一切都完了，等待破产、毁灭或死亡。这些负面的情绪也与一个人的童年经历所形成的个体无意识有关。假如碰到意外不幸时，建议你正视现实，不低头，不信邪，昂起头，挣扎着前进，灾难是会有尽头的，忍耐过去，一定会走出暂时的困境。有时往往会“山重水复疑无路，柳暗花明又一村”，出现“绝处逢生”的局面。有时乍看起来是件祸事，过后说不定又是一件好事，人生就是这样包含着“祸兮福所倚，福兮祸所伏”，好与坏、幸与不幸的辩证关系。

- 在工作、生活、健康方面均追求完美化，稍不如意，就十分遗憾，心烦意乱，长吁短叹，充满了过度的、长久的、模糊的焦虑和担心，这些担心和焦虑却没有一个明确的原因。

一些持续时间不是很久的焦虑，可以在认知方面做一定的调整。世间只有相对完美，没有绝对完美。世界及个体就是在不断纠正不足，追求真善美中前进的。

• 没有迎接人生苦难的思想准备，总希望一帆风顺、平安一世。其实不然，正如宇宙的自然规律一样，人生自始至终，都充满了矛盾，要学会解决矛盾并善于适应困境。

• 神经质人格。这类人的心理素质不佳，对任何刺激均敏感，一触即发，对刺激做出不相应的过强反应，承受挫折的能力太低，自我防御本能过强，甚至无病呻吟，杞人忧天。他们眼中的世界无处不是陷阱，无处不充满危险。他们整日提心吊胆，脸红筋涨，疑神疑鬼，如此心态，怎能不焦虑？这更需要进行一些心理干预。

➡ 焦虑产生的后果

适当的焦虑是我们奋进的动力。但焦虑分值过高，往往会产生不良的后果。

焦虑不仅可以引起心理上的变化，也可以引起生理上的一系列变化。焦虑时，心烦意乱、坐立不安、搓手顿足、心绪不宁，甚至有灾难临头之感。学习时不能集中注意力、杂念万千，做事时犹豫不决。焦虑会影响睡眠，引起失眠、多梦或噩梦频繁，白天头昏脑涨，感觉过敏，怕噪声、强光，容易激动，常会有不理智的情绪发作。生理方面，出现唇焦舌燥、口渴、多汗、心悸、血压升高及发热感，同时大小便次数增多。

长期处于焦虑状态可以引起诸多疾病，如焦虑性神经症、高血压、糖尿病、神经性皮炎等身心疾病。急性焦虑发作时，往往易引起脑血管破裂或心肌梗死而死亡，故应对焦虑状态进行处理治疗。

➡ 焦虑发作时如何控制?

焦虑有的时候不期而至，搞的人心烦意乱，甚至有可能惊恐发作。我们可以掌握一些自救的方法，以控制焦虑发作。

控制焦虑发作的四个步骤：

• 找原因：比如，想想长时间坐着突然站起时，头晕是正常的，并不是什么不祥的预兆，如果控制不了灾难性的想法，就容易爆发焦虑症。每个人都会有头晕、心跳加快、胸闷的时候，那只是正常的生理反应。在这些反应发生时，要先找到原因。

• 叫停：一旦你感到有某种身体不适（比如心跳加快、头晕），同时有某种不祥的预感时，立刻说“停止”。如果你曾经发作过焦虑症或正处于焦虑症发作时期，可以在手腕上套一个橡皮圈，在你说停止时，拉一下橡皮圈弹自己的手腕。

• 转移注意力：转移注意力就是把注意力集中在与你目前的感觉无关的事情上，使自己无暇进行灾难性的推测。调动你所有的感官去注意周围环境：假设你走在一个广场上，你隐隐感到不安，马上去注意广场周围有什么建筑，这些建筑有什么特点，回想一下你以前进去过吗。

• 控制呼吸：焦虑症发作时常常呼吸急促，这会导致二氧化碳减少，进一步加剧身体症状，如头晕、四肢刺痛。控制呼吸的方法，必须每天坚持练习多次。在你练习的时候，它已经在帮助你降低对焦虑的易感度。更重要的是，如果不能达到不假思索地使用这种呼吸法，在焦虑发作时，它是派不上用场的。

➡ 焦虑心理的自我调适

• 自我疏导。若想消除轻微的焦虑，主要依靠个人。当出现焦虑时，首先要意识到这是焦虑心理，要正视它，不要用自认为合理的其他理由来掩饰它的存在。其次要树立起消除焦虑心理的信心，充分调动主观能动性，运用注意力转移的原理，及时消除焦虑。当你的注意力转移

到新的事物上时，心理上产生的新的体验有可能驱逐和取代焦虑心理，这是人们常用的一种方法。

• 要有一个良好的心态。首先，要乐天知命，知足常乐。其次，要保持心理稳定，不可大喜大悲，凡事要想得开，要使自己的主观思想不断适应客观发展的现实。最后，要注意“制怒”，不要轻易发脾气。

• 自我放松。①活动你的下颚和四肢。当一个人面临压力时，容易咬紧牙关。此时不妨放松下颚，左右摆动一会儿，以松弛肌肉，疏解压力。你还可以做扩胸运动，因为许多人在焦虑时会出现肌肉紧绷的现象，引起呼吸困难，进而使原有的焦虑更严重。不妨上下转动双肩，并配合深呼吸。举肩时吸气，松肩时呼气，如此反复数回。②幻想。闭上双眼，在脑海中创造一个优美恬静的环境，想象在大海岸边，波涛阵阵，鱼儿不断跃出水面，海鸥在天空飞翔，你光着脚丫，走在凉丝丝的海滩上，海风轻轻地拂着你的面颊……③放声大喊。在公共场所，这种方法或许不宜，但当你在某些地方，如无人的山顶，放声大喊是发泄情绪的好方法。不论是大吼或尖叫，都可适时地宣泄焦躁。④自我催眠。进行自我暗示催眠，如可以数数或用手举起书本大声朗读等，促使自己慢慢恢复到正常状态。⑤自我觉察。在只知道痛苦焦虑，而不知其原因的情况下，你必须进行自我觉察，把潜意识中引起痛苦的事情诉说出来。

★ 某种情境会让人恐惧

➡ 什么是恐怖症？

恐惧是人的一种基本情绪，一种正常情感成分。恐惧性回避反应是一种具有自我防护、回避危害、保证生命安全的心理防卫功能，人皆有之。例如，人们对黑暗、僻静处、高空环境、毒蛇猛兽等都可能产生恐惧性回避反应。儿童、女性、胆小者，恐惧心理尤为明显。

而恐怖症又称恐怖性神经症，是以恐怖症状为主要临床表现的神经症。恐怖对象有特殊环境、人物或特定事物。每当接触这些恐怖对象时即产生强烈的恐惧和紧张的内心体验。恐怖症患者神志清醒，明知其不合理，但是一旦遇到相似情境时，就会反复出现恐怖情绪。例如，有人恐高，有人广场恐惧，有人密集恐惧，有人社交恐惧等，这种情况一旦出现，就无法自控，并且产生回避行为。脱离该情境，症状就会逐渐缓和消失，间歇期基本如常。恐怖症患者呈现异常的、强烈的恐惧和紧张不安，假若不予治疗，症状可能会越来越重，恐怖对象和内容有泛化倾向，影响生活质量和社会功能。

➡ 恐怖症发病原因

恐怖症发病通常与下列因素有关：

• 遗传因素：有报道称，恐怖症患者的一级亲属中，20%的父母和10%的同胞有患神经症，所以认为遗传因素可能与发病有关。但也有人指出：至今尚无证据表明遗传在本病的发生中起重要作用。

• 性格特征：一般有此类问题的人性格偏向于幼稚、胆小、害羞、依赖性强和内向。

• 精神因素：在发病中常起着更为重要的作用。例如，某人遇到车祸后对乘车产生恐惧，可能是在焦虑的背景下恰巧出现了某一情境，或在某一情境中发生急性焦虑而对之产生恐惧，并将其固定下来成为恐怖对象。

对特殊物体的恐怖可能与父母的教育、环境的影响及亲身经历（如被狗咬过而怕狗）等有关。心理动力学派认为，恐怖是被压抑的潜意识焦虑的象征作用和取代作用的结果。条件反射和学习机理在本症发生中的作用是较有说服力的解释。

★ 恐怖症的分类

按照当事人面对某一物体和处境所产生的恐怖对象

而划分为以下三类：

• 社交恐怖症。社交恐怖症是指对特殊的人群产生强烈恐惧紧张的内心体验和出现回避反应的一类恐慌症，故又称为“见人恐怖”。这类人平时不愿意接触人群，见到自己父母等熟悉亲近的人，无恐惧紧张现象。一旦遇到陌生人会恐惧紧张，出现拘束不安、焦虑不宁、手足无措、面红耳赤、心悸出汗、头昏呕吐、四肢颤抖等身心异常反应。同时其本人想方设法加以回避，脱离现场，躲避人群，以求减轻心理不安。社交恐怖症如不及时治疗，逐渐发展，病症可能会日益加重。

• 单纯性恐怖症。除了对环境和人物恐怖以外，其他还有：

①疾病恐怖。有些人害怕患特殊疾病，例如心脏病、结核病、麻风病、中风或其他不治之症等。对癌症的心理恐怖，则称为“恐痛症”。

②动物恐怖。有些人害怕狗、猫、老鼠等小动物，不敢碰摸，甚至不敢看，有时对动物的玩具、图片和影视形象也感到紧张恐怖，竭力回避。

③其他恐怖。与具体恐怖对象有关，例如见到鲜血恐怖，甚至突然晕厥发作，称为“见血恐怖症”。

• 广场恐怖症。广场恐怖症又称“特殊境遇性恐怖症”，是指有一类人，一旦参加公共广场集会或群众性狂欢活动，就出现病理性恐怖反应；一旦离开广场，病情就随之消失。这些人对登高、仰视高大建筑物，乘坐电梯，穿过隧道、繁忙的马路，以及走过很长的走廊等都会产生恐怖反应。若不及时治疗，随着时间推延，病情可能会逐渐加重，症状泛化，对上述场所、环境产生包围感和威胁性恐怖心理，伴随严重的回避行为，最严重时将自己封闭在家。

➡ 恐怖症的自我心理调适

• 系统脱敏法：也称缓慢暴露法，是一种常用的行为治疗方法。其基本原则是交互抑制，即每次在自己引发焦虑的刺激物出现的同时，抑制焦虑反应，这种反应往往会被削弱，最终切断刺激物同焦虑反应间的联系。比如，采用系统脱敏法治疗恐怖症要求有计划、有目的地指导、鼓励人们接触使自己产生恐惧的人群、事物或情境，即使暂时会产生恐惧，也要忍受和适应，直到恐惧情绪全部消失为止。

• 认知疗法：通过解释、疏导，让自己明白对某种物体、情境或人恐惧，是自己主观意念所致。如社交恐惧，就是自己的一种强迫性的消极观念占上风，总担心与别人谈话、交往时，别人会嘲笑或看不起自己，不管事实上是否真如此，总觉得很不自在、很尴尬、很恐慌。所以，要消除恐怖症，就要勇敢地面对引起恐怖的事物，学会控制、调节自己的害怕情绪。

- 催眠疗法：应用催眠疗法来对抗面临恐惧处境所产生的焦虑反应。也可以训练自己应用自我催眠法，在面临恐惧时保持肌肉松弛，与其对抗。

- 沙盘疗法：恐怖症既有生理的遗传因素，也有潜意识因素。因此，通过沙盘呈现无意识，一方面找到致病的根源，另一方面调动内心的积极力量，对于脱敏及消除恐惧会起到非常好的效果。

★ 总是重复做一些事情怎么办？

➡ 什么是强迫症？

强迫症又称强迫性神经症，是指病人反复出现的明知是毫无意义的、不必要的，但主观上又无法摆脱的观念、意向和行为。

国内临床医学专家将强迫症的表现分为强迫观念、强迫意向和行为两大部分。

- 强迫观念，是指某人见到某一事物或听到某种声

音时，便出现不安的联想，例如，看见黑纱，便联想到死亡或即将大难临头，心情非常紧张。

• 强迫意向和行为，是指某人常被某种与正常意向相反的意向所纠缠。例如，走到河边或井边，老想往下跳，但又害怕真的会跳下去。有的人有强迫行为，如离家后反复回去检查门窗是否关好或锁好，或书写后反复检查是否写错字。有的人常怀疑自己的手或衣服被玷污了，虽然反复洗了几次，仍不放心。

➡ 强迫症的心理调适方法

由于强迫症患者具有强烈的自制心理和自控行为，因此，调节的主要方法是减轻心理压力和放松紧张的心情，顺其自然。除针对恐惧症的一些心理调适方法外，强迫症可以用以下方法进行自我调适：

• 顺其自然法：不要苛求自己，该怎么办就怎么办，做了以后就不要再去想它，也不要去评价它、议论它。

• 夸张法：患者可以对自己的异常观念和行为进行戏剧性的夸张表现，使得自己感到可笑、无聊，由此消除强迫性表现。

• 活动法：强迫症患者平时应多参与一些文体活动，最好能参加一些比较刺激的冒险活动，大胆地、果断地做出决定，对自己的行为不要做过多的限制和评价。在活动中尽量体验积极乐观的情绪，拓宽自己的视野，敞开胸怀。

• 自我暗示法：当自己处于莫名其妙的紧张和焦虑状态时，可以进行自我暗示，比如“我为什么要这样紧张？一次作业没做是没有关系的，只要向老师讲清原因就可以了；就是不讲明原因，老师也不会批评；就是批评了，又有什么好紧张的呢？只要虚心听取意见，下次改了就行，何必那样苛求自己呢？谁没有犯过一点过错呢？”

• 转移对抗法：当出现强迫现象时，可以采用其他活动来转移或直接对抗强迫思维，如高声唱歌、背诵诗词等。

• 满灌法（或称厌恶法）：如当一个人强迫自己洗手时，其家人就命令他持续不断地重复，他要终止时也不让终止，直到他厌恶至极、绝不愿再做下去为止。

• 接纳法：每一个人都多多少少有强迫的倾向，这也有助于让我们把事情做得更好。只要强迫不是特别影响生活，做到接纳自己的反复动作或意向，也是一种不错的方法。当能接纳自己的强迫时，想去纠正的焦虑就会得到很大程度的缓解。

▶ 自身情绪心理状态如何定义？

因为有情绪、情感伴随，我们的人生富有生气。但情绪、情感千变万化，我们只有正确地认识它们，生活才会绚烂多彩。

★ 情绪是好还是坏？

➡ 人类的基本情绪

我国古代有“六情说”，人的情绪包括：喜、怒、哀、乐、爱、恶；也有“七情说”：喜、怒、哀、惧、爱、恶、欲。但一般认为，人类的基本情绪有四种：喜、怒、哀、惧，也就是快乐、愤怒、悲哀和恐惧。这些是人类的本能情绪。

➡ 情绪的基本状态

情绪按照其表现形式，如强度、持续性和紧张性，可分为心境、激情和应激三种状态。

- 心境

心境是一种比较微弱、持久并具有渲染作用的、影响人的整个心理活动的情绪状态，如得意、忧伤等。它的持续时间较长，有的甚至可以持续数月、数年。影响心境持续时间的主要是事件的重要程度。事件对我们越重要，引起的心境就越持久，反之亦然。另外，个体的个性特征也影响心境时间的长短，不同性格的人对同一事件所引起的心境持续时间不同。心境具有迁移性，它能把对某一事物的体验迁移到其他事物上。如《红楼梦》中的林黛玉上演的一幕“葬花”，就是心境的迁移。成语“爱屋及乌”也是心境迁移的体现。心境对我们的学习和工作都有很大的影响。积极的心境使人情绪高涨，能提高学习和工作效率，也有益于人的身心健康。消极的心境使人情绪消沉，不利于学习和工作。因此，要善于控制和调节自己的心境，保持积极、良好的心境。

- 激情

激情是一种激烈的、短暂的、爆发式的情绪状态，如狂喜、暴怒等。

激情的产生是强烈而突然的，往往伴随着强烈的体内活动和明显的外部表现，如喜极而泣、义愤填膺等。范进中举就是激情的典型表现。处于激情状态时，人的认识活动范围缩小，控制力减弱，对自己的行为不能做出正确的评价。一个人如果控制力较差，有时会因为激情而做出一些无法挽回的事情，而产生消极的影响。但在激情发生前如果转移注意力，减弱激情爆发的程度，同时加

强对激情后果的认识，就可以有效地控制激情产生的消极影响。但激情也有积极的一面，如见义勇为需要激情，艺术家创作也需要激情。

• 应激

应激是指由于意外的刺激引起的紧张状态，如天灾人祸、突然的惊吓、亲人突然离世等。处在应激状态下常见的心理反应主要有：心烦意乱、注意力不集中、思维混乱、情绪不稳定，常常感到压抑、焦虑并且容易被激怒、哭泣，心里空虚，缺乏自信，对事物丧失兴趣，防卫心理较强等。它通常通过行为变化表现出来，如爱发脾气、急躁、沉默、面无表情、行动减少等。如，突遇重大交通事故，整个人呆若木鸡；或被人大声谩骂后没有及时回应感到噎堵；或家中突然变故；等等。

应激的心理反应和生理反应有时候是同时表现出来的，并且相互作用，相互影响。48 小时内如果能进行危机干预是最理想的。如长期得不到疏导与调节，很容易引起身心疾病。但应激也有积极的一面，可能刺激人做出超凡的积极行为。如面对突如其来的危险，平时看似不可能做到的事，应激状态下可能会实现。

➡ 情绪没有好坏之分

情绪有强和弱，有肯定和否定，有紧张和轻松，有激动和平静之分，但情绪没有好与坏、对与错之分。因为不同的情绪有不同的功能，如强烈的情绪可唤醒对方的共鸣，肯定的情绪会鼓励他人，紧张的情绪可能提高备战能力……情绪只要被控制在适度范围内即可。喜怒哀乐都是我们人生所需要的乐章。我们也可以感受到情绪的表达会影响与他人的关系，我们要试着去做自己情绪乐章的指挥者。

★ 情绪背后是什么？

➡ 情绪与认知

情绪既可以使我们精神焕发，也可以使我们萎靡不振。情绪是以主体的需要、愿望等倾向为中介的一种心理现象。情绪具有独特的生理唤醒、主观体验和外部表现三种成分。符合主体的需要和愿望，会引起积极的、肯定的情绪，反之则会引起消极的、否定的情绪。

情绪是内心的感受经由身体表现出来的状态，具体来说，包括唤醒、感觉、思想和行动。情绪往往是由客观情境引起的，比如，来到一个日思夜想的美丽地方，或者学习、工作、生活中发生了一些事情等。当然，我们必须

明确的一点是，这些客观情境不是引起情绪反应的直接原因。若客观情境直接引起情绪反应，那么，我们可以认为，对同一个客观情境应该会引起相同的情绪反应。但事实并非如此，对同一个客观情境，不同的人会产生不同的情绪反应。其中很主要的原因就是，不同的人对客观情境的认知不同，解释和归因有差异。所以，情绪由客观情境引起，但不直接决定情绪，而是取决于人们对客观情境的认知，这才是直接原因。对客观环境的认识是决定情绪的一个重要因素。

➡ 情绪与需要

情绪是以主体的需要、愿望等倾向为中介的。主体的需要、愿望被满足了，就会产生正性情绪，而主体的需要、愿望未被满足就会产生负性情绪。这里的需要与愿望是什么？深度心理学认为，个体未满足的需要和愿望，会集结成一丛丛的无意识情结，在现实情景中经常会被点燃。个体无意识会借现实的一件事的实现，强烈地获取个体无意识的需要和满足。也就是说，现实的事件中，可能有我们不知道的个体无意识的需要隐含其中。

人本主义心理学家马斯洛的人的需要层次理论，分为五个层级，分别为生理需要、安全需要、交往需要、尊重需要、自我实现需要，后来又扩展了审美需要与认知需要。这些基本需要都会在我们日常生活中展现。

认知心理学认为，成长过程中会有一些核心信念的形成，如总被打压的孩子认为“自己不好”。由此，核心信念作为基础，就影响了整个认知系统，遇到什么事或做什么事都怕别人看到他的不足之处，也常常用“不行”的思维或行为应对。因此，核心信念影响一个人对他人、对事物的需求与愿望。

所以，当情绪表现出来时，我们必须看到情绪背后的需要、愿望是什么，需要影响下的观念是什么，这样我们就有了解决问题的方向。需要或愿望是合理的，我们就促使它被满足；如果需要或愿望是不合理的，我们就要修正它。

➡ 情绪的功能

情绪有引发行动、与他人沟通、与自己沟通等功能。比如，当我们感受到恐惧这种情绪时，它可以帮助我们远离危险以确保安全；当我们感受到愤怒情绪时，它可以促使我们去面对威胁以及可能伤害我们的人或事，以使我们不受攻击，不失去重要的人；同样，羡慕的情绪会激励我们去努力得到；羞愧的情绪会促使我们去隐藏某些行为；等等。不同的情绪在我们的生活中扮演着各自的角

色。不同的情绪会影响一个人与其他人的沟通关系。

★ 让情绪的信号起作用

➡ 什么是情绪的信号？

情绪和情感在人际间具有传递信息、沟通思想的功能。这种功能是通过情绪的外部表现，即表情来实现的。

• 面部表情，是指通过眼部肌肉、颜面肌肉和口部肌肉的变化来表现各种情绪状态。相关实验表明，人脸的不同部位具有不同的表情作用。例如，眼睛对表达忧伤最重要，口部对表达快乐与厌恶最重要，而前额能提供惊奇的信号，眼睛、嘴和前额等对表达愤怒情绪很重要。还有实验研究表明，口部肌肉对表达喜悦、怨恨等情绪比眼部肌肉重要；而眼部肌肉对表达忧愁、惊骇等情绪则比口部肌肉重要。

• 姿态表情，可分成身体表情和手势表情两种。人在不同的情绪状态下，身体姿态会发生变化，如高兴时“捧腹大笑”，恐惧时“紧缩双肩”，紧张时“坐立不安”等。手势通常和言语一起使用，表达赞成还是反对、接纳还是拒绝、喜欢还是厌恶等态度和思想。手势也可以单独用来表达情感、思想，或做出指示。在无法用言语沟通的条件下，单凭手势就可表达开始或停止、前进或后退、同意或反对等形为或想法。同一种手势在不同的民族中用来表达不同的情绪。

• 语调表情，除面部表情、姿态表情以外，语音、语调表情也是表达情绪的重要形式。朗朗笑声表达了愉快的情绪，而呻吟表达了痛苦的情绪。言语是人们沟通思想的工具，同时，语音的高低、强弱、抑扬顿挫等，也是表达说话者情绪的手段。

➡ 不同文化情感表达的通用性

人们通常可以从其他人的面部表情或行为中判断出其到底是高兴还是愤怒。美国心理学家保罗·埃克曼(Paul Ekman)是这一研究领域的领军人物。他研究得出的结论是，全世界不同地区的人所使用的“面部表情语言”是大体相同的。埃克曼的团队所做的研究证明，人类拥有一套相同的情绪表达方式。这证实了人类具有共同的生物遗传特征。这些情绪信号如微笑意味着快乐，皱眉意味着悲伤。他们声称，任何地方的人都能认出至少七种基本情绪，即悲伤、恐惧、愤怒、厌恶、轻蔑、高兴和惊讶。

在不同的文化中，情绪表达的背景和强度，即所谓的表达规则存在一定的差异。但是，无论在什么文化中，人

们的情绪多多少少都会通过行为表现出来。婴儿一降生就会用表情来表达他们的感觉，而且判断表情的能力很早就开始发展了。这些证据都说明，我们所具有的、用来表达和解读基本人类情绪的能力具有生物学上的遗传基础。正如达尔文一百多年前指出的那样，一些情绪表达方式似乎跨越了物种的边界，我们有关恐惧和愤怒的面部表情与黑猩猩和狼的同类表情非常相似。

是否所有的情绪表达都是通用的呢？答案是否定的。跨文化心理学家告诉我们，某些情绪反应在不同文化中具有不同含义。所以，这些情绪表达一定是后天习得的，而不是先天遗传的。

★ 如何做情绪的主人？

➡ 什么是情绪管理？

负性情绪会影响一个人的人际关系和自身的心理健康水平。情绪管理的目的就是当情绪的负性特点明显时，我们通过主动的方式将负性情绪排解出去或者让负性情绪持续的时间缩短一些，尽快使情绪重新达到平衡、稳定的状态。

➡ 管理情绪的方法有哪些？

管理情绪的方法有自我调整和求助他人等。自我调整需要技巧,包括改变思维、调控行为或者放松身体、求助他人等。我们以“同学做了一件让我生气的事情”而引起的气愤、易怒等负性情绪为例来简单地说明一些管理情绪的方法。

- 改变思维:要意识到不要让自己的气愤、易怒的情绪持续太长时间,尝试改变想法,同学这样做我不认同,但是他一定有他的理由,也许他还生我的气呢。

- 调控行为:离开让自己生气的场景或事情,改为关注其他事情,如和喜欢的同学聊天或者不再想让自己生气的事情。

- 放松身体:可以通过正念、瑜伽、深呼吸等方法来疏导情绪。

- 求助他人:求助亲朋好友,向他们倾诉或者寻求专业心理卫生工作者的帮助。

情绪是野马,但缰绳在你手里;情绪是双刃剑,但看你拿的是刀柄还是刀刃。所以,当负性情绪出现时,我们建立起一个良好的机制,学会管理情绪是最重要的。

谁在控制着我们的心灵？

潜意识如果没有进入意识，就会引导你的人生而成为你的命运。

——荣格

我们知道自己每天的念头不断，而很多念头只是念头而已。那谁在控制着我们的念头？下面来了解一下自己。

▶ 润物细无声的文化力量

荣格认为，人类精神遗传，文化也遗传，这被称为集体无意识，影响着一代又一代人。文化，深深熔铸在历史、实践和民族之中，具有物质难以匹敌的精神力量。从人类文化到地域文化、民族文化、成长环境，甚至小到家庭文化，无不影响着每一个人。文化是一只看不见的巨手，能够在人们认识世界、改造世界的过程中创造生产力，提高竞争力，增强吸引力，形成凝聚力，并转化为强大的力量。

★ 文化对个人心灵的影响

➡ 文化下的个人认知

几百万年来，人类的认知能力不断进步与拓展，创造了灿烂辉煌的各种文明，这些文明反过来又影响着每一个人。文化的发展伴随着人类智慧的增长不断进步，人类通过文化的建构不断改变每个人对世界乃至对宇宙的认知，智慧开发的限制会使人们只通过感官感知一些事物产生相同的认知，使不同时期的人们产生不同的心理变化和行为。

不同地域的人也会因为文化的差异对同一对象事物形成全然不同的认知，进而产生不同的行为模式。

➡ 文化下的人格成长

文化对人类的认知能力会产生很多影响，在此基础上，进一步塑造人的人格发展。人格发展包括个人的气质、性格、品质等内容。例如，不同的父母在家教过程中

因文化影响形成的价值观、社会观、教育理念等差异，会表现出各自不同的教养态度和方式。研究表明：在艾森克人格测试的人格维度中，与父母教养方式间存在着不同的相关。父母采用理解、给予、情感温暖有利于子女发展成外向、情绪稳定、具有同情特征的个性；过于干涉、过分保护等教养方式易使孩子形成内省、情绪不稳定及胆小怕事等个性，且可能患神经症；父母采取拒绝、否认、惩罚和严厉等教养方式，易使孩子形成情绪不稳、残暴、缺乏同情心和反社会倾向等个性特征。

很多心理学家把 6～12 岁称为学龄期，进入这个阶段后，孩子离开家庭走进学校，学习今后生活所必需的知识和技能。长期的学习模式会使孩子产生两类心理状态：如果他们能顺利完成学习课程，他们就会获得成就感，这使他们在今后的独立工作和生活中充满信心；反之，就会产生自卑感。在这一阶段，老师是孩子心目中的绝对权威，他的正面引导与反面惩罚都会在一定程度上给孩子的人格造成巨大的影响。

➡ 文化下的情绪表达

文化能够对人类认知、个性人格产生深远的影响以外，也会在一定程度上影响人的情绪体验、情绪表达、情绪变化。相同文化规则下，人们在遇到类似的社会环境变化时，会产生文化显示规则规定下的普遍情绪表达方式。比如在一场足球比赛中，看台上的主队球迷共同为场内的主队球员鼓掌加油，当主队球员攻入精彩进球的时候，球迷们会爆发出高兴、喜悦等情绪，手舞足蹈，同时发出欢呼和呐喊声，当主队的球门被对方攻破后，球迷则心生愤怒、悲伤等情绪，有的掩面哭泣，有的捶胸顿足。此时，球队胜利文化成为左右人们情绪的一部发动机。

▶ 原生家庭的羁绊

我们常听到这一句话：家长是孩子的第一任教师，家庭的影响是最关键的。人们带着父母的遗传基因，更带着家族的基因，在家庭的文化中成长。

★ 我们都有一个家

➡ 家庭的功能及形态

人类的整个生命过程从目的和意义来看，就是围绕着生存与生殖进行的，这两项活动是所有人类活动最为根本的动力因素。人类从建立家庭那天开始，就是为了更好地繁衍后代，让自己的种群更好地保存和延续下去。人类再在家庭这个单元的基础上建立社会体系，更好地为家庭提供各种资源和保障，进而保障家庭中的每一个

人在这个社会中顺利发展。人类创造家庭，就要在家庭这个结构中行使家庭的功能，让家庭中的每一个成员按照自己的角色分工去完成自己的使命任务。每一个人都从幼儿开始，在父母的养育下一步步经历儿童、少年、青年，最后成年后离开父母，重新创建属于自己的核心家庭并开始养育下一代。因此，每个人都是人类生命的承接者和传递者。

家庭并不是一群毫不相干的个人拼凑起来的小集体，也不仅仅是所有家庭成员的简单相加，而是经由婚姻、血缘和收养关系所组建的社会生活的基本单位。心理学上的家庭通常包括三代家庭成员：我们的祖父母和外祖父母、我们的父母和父母的兄弟姐妹、我们自己和我们的兄弟姐妹。家庭中的每一个人都会在家庭环境下扮演自己对应的角色，承担着相应的责任、义务和功能，比如父亲在家中往往承担着教育孩子、培养孩子兴趣、给孩子树立榜样、惩戒孩子等责任；母亲往往承担着照顾孩子起居、关爱包容孩子、为孩子提供安全港湾的责任。

当代社会，一般家庭都以核心家庭这种模式存在，通常由父母和他们的孩子所组成。对于父母来说，核心家庭又称为再生家庭；对于孩子来说，核心家庭则是原生家庭。

➡ 家庭的关系及影响

深度心理学研究认为，家庭关系影响人的一生，并且人在成年后的一切关系的呈现都是原生家庭关系的翻版。

家庭中的基本关系主要有夫妻关系、父母关系、同胞关系、亲子关系和子亲关系五种。心理学家研究发现，家庭成员之间的关系以夫妻关系模式、亲子关系模式等方式进行代际传承。原生家庭影响人的一生。

荣格认为，原生家庭对家里子女影响越深刻，子女长大之后就越倾向于按照幼年时的世界观来观察和感受世界。对每一个人来说，原生家庭中的生活经历对我们的一生始终具有极大的影响。这种影响和作用并不单单是存在于我们童年时期，我们对周围世界的认识、对关系的认识、对自己的认识乃至最基础的世界观，都是由原生家庭塑造的。原生家庭在思维模式和行为方式方面给予我们的影响也会伴随我们一生。因此，美国心理学家查理森认为，人生最困难的事情之一就是从心理和感情上摆脱原生家庭环境的影响，不再重复家庭中的一切，也不去刻意做与之截然相反的事情。

美国人类学学者格利克认为，一个家庭诞生、发展直至消亡是一个过程，家庭是有生命周期的，它反映了家庭

从形成到解体呈现循环的变化周期。格利克把家庭生命周期分为六个阶段:形成期、扩展期、稳定期、收缩期、空巢期和解体期。家庭周期每一个阶段都有任务,如果这些任务能够被恰当地完成,家庭就可以顺利进入下一个阶段;否则,家庭就可能在某个阶段遇到问题。通常情况是,当一个阶段的任务未能很好地完成时,后面的阶段就会因此受到拖累。比如,当父母在再生家庭期时出现关系问题,就会影响婚姻质量,影响孩子的健康成长,最终给孩子在后面的家庭扩展期造成伤害。

★ 受伤的“内在小孩”

➡ 我们的“内在小孩”

我们每一个人随着岁月的流逝,一天一天地成长、成熟直至衰老,我们的容颜、躯体会不断变得成熟、老态。很多人会认为,每个人在各个方面都会自然成熟的,包括我们的心灵。但是人的心灵是一个很奇妙的造物,精神分析学派把人的心理结构分为意识、前意识、潜意识等多个层次,而决定人的行为的往往是人的无意识。这个无意识又有很多丰富的层次,其中有一个层次就像一个小孩,因为童年时期的需求不能够及时得到满足和获得愉悦,或者是某种情绪因为各种原因被不断压抑,也或者是一段痛苦的经历无法被释怀，种种原因导致这个“内在小孩”的核心价值观占据我们的心灵，并始终停留在我们内心深处，最终导致成年以后各种情绪化补偿行为的发生。

荣格在其《儿童心理学》中用儿童原型来描述一个人内心未成长、未安抚好的部分，心理学中有“退行”这个概念，指的是人们在面对外界的指责、评判、苦难、危险的时候，常常会退化到孩子的状态，用孩子式的方式做出反应。

➡ 疗愈“内在小孩”

假设一个人的童年能够完全被接纳，各种需求能够及时被满足，那他成年以后会有足够的安全感来面对周围的人和事，能够积极稳妥地处理成年后在生活中影响我们的身体、心理、感情、工作等方面的关系。但是我们知道现实生活中，几乎每一个人都会在成长过程中遭遇“内在小孩”的伤痛和难受，第一，因为父母并不可能完全猜透孩子用哭声表达的需求是什么，没办法全然满足；第二，父母“内在的小孩”也需要被关注，他们经常处在自己的情绪中，忽略小孩子的感受。如何才能够疗愈这个“内在小孩”呢？

首先，面对。我们要承认内心深处这个“内在小孩”

的存在，并且看见当年自己那些痛苦的经历和遭遇，特别是当某些特定的人和事让你内心产生强烈情绪的时候，你要及时意识到“内在小孩”又出现了。

其次，反应。意识到自己当下立即反应的某些情绪和行为只是在掩盖“内心小孩”的痛苦，并开始有意识地停止这些变形的情绪和行为表达。

再次，学习。学习接纳和感受，提高自己的感受性。与“内在小孩”无意识的反应模式不同的是有意识的选择、清晰的洞见和理性的行为，我们要接纳“内在小孩”释放的愤怒、挫败、痛苦、恐惧、焦虑等情绪，并允许这些感受在我们身上流淌，而不是急于去消除。

最后，与“内在小孩”和解。当“内在小孩”出来时，我们可以使用当下成年人的角色来与“内在小孩”对话，告诉“内在小孩”自己现在是成年人，已经获得了巨大的力量、勇气和智慧，能够满足“内在小孩”过去未满足的需要，可以用更好的方式去释放被压抑的情绪，带着他共同走出过去的阴霾。

★ 依恋是最长情的告白

➡ 依恋与安全感

安全感是心理健康的重要标志之一，有充分的安全感的人能与他人建立友好关系,也能有自己的人生目标,更会不断创新,做自己喜欢做的事,等等。心理学家阿曼达·琼斯认为,如果一个小小孩逐渐相信,呼唤(哭声)会招来一个关心他的成年人,并且对他的求助给予恰当的回应,这个孩子内心就会产生一种基本的安全感。对于某些母亲而言,由于她们自身的情绪资源耗尽,养育和保护冲动不会活跃起来,尤其是她们内心缺乏一个可以被唤起、关爱的父母的声音的时候,因为没有充满生气的、被深深爱着的记忆,在她还是小孩子的时候,没办法相信有一个足够好的成年人在情感上是乐于帮助她的。

著名的恒河猴实验说明:爱存在三个变量,分别是触摸、运动、玩耍。这种观点在当时(20 世纪 50 年代末)被提出来,无疑是一种进步。

➡ 再建依恋,修复安全感

依恋理论代表人物约翰·鲍尔比认为,家庭中父母对孩子的养育不能仅仅停留在喂饱层面,要使孩子健康成长,一定要为他提供触觉、视觉、听觉等多种感觉通道的积极刺激,让孩子能够感受到父母的存在,并能从他们那里得到安全感。“黏人”的宝宝有时让人心烦,但是这恰恰说明他具有一种积极的情绪——对亲人的依恋。为孩子建立安全的依恋是保障他心理健康发展的基础。儿

童与依恋对象之间温暖、亲密的联系使儿童既能得到生理上的满足，又能体验到愉快的情感。

在心理咨询中，很多咨询师经常会遇到类似缺乏父母陪伴甚至被忽略的来访者，这些来访者身上经常透露出一种缺乏安全感的人格特质。这些特质或多或少在影响他们的工作、生活和学习。如果幼儿期的安全感没有得到有效的回应和保护，没有可以依恋的对象，他们很有可能会用一生来追求这种依恋的感觉。鲍尔比还进行了一个实验：让婴儿在陌生情境下与母亲分离，然后团聚，以此来测试孩子的安全感。鲍尔比在此实验基础上提出一个概念：安全基地。他认为母亲类似于孩子的安全基地，而拥有安全基地是儿童探索、发展和学习的先决条件。

人生是一次单程旅行。我们任何人都没有能力再回到过去，回到童年，回到妈妈这个安全岛。但是我们每个人无意识中又渴望这种温暖、亲密和可持续的关系，于是就把这种无意识中的需要投射到现实生活中，比如青春期期望能找一个像“理想化的母亲”一样的伴侣，企图通过这位“理想化的母亲”来满足自己缺失的依恋需要。如果幸运，能有一个接近“理想化的母亲”的伴侣，会对童年的依恋有修复的作用，但有时则可能南辕北辙。所以，成年人的依恋修复唯有通过自我成长去实现，即首先要意识到这些行为的存在，接着就是要思考这些行为背后的推动力来源于哪里，再就是去理解这些动力源的成因。以自己成人的身份为自己的内在小孩建立安全依恋，为安全感的修复做一些积极的工作。

★ 翻越那座“心中的山”

➡ 内心需要一座山

人们常说：“母爱如水，父爱如山。”父亲在每个孩子心中是一座山。他如山一般伟岸，永远给孩子以坚毅的力量。山是无言的，父爱是默默的。高尔基说：“父爱是一部震撼心灵的巨著，读懂了它你就读懂了整个人生。”也有人说，一位优秀的父亲是孩子一生巨大的财富。

在经典精神分析人格发展阶段理论中，弗洛伊德认为每一个人格的发展阶段都有特点和重点。如果孩子在某个特定的发展阶段没有顺利地向前发展，那他就会固着在这一阶段，在今后的人生中就会用一些变形的方式来补偿，甚至会产生影响一生的心理情结。尤其是在俄狄浦斯期(3～6 岁)，父亲当仁不让地充当着举足轻重的角色，影响着孩子的未来，甚至一生。

一名高中男生因人际关系冲突走进咨询室。咨询中

他谈到自己从小学开始就很害怕那些上了年纪的男性老师，每次与这些老师交流都非常小心。特别是进入高中后，理科、综合等科目都是由这样的男老师讲授，每次上课本来自己已经信心满满、准备就绪，但是回答问题时一见到这些老师就心生胆怯，脑子发蒙。只要男老师一批评他，他更是方寸大乱。最近一年这样的情况越来越严重，已经影响了他的学习效率和学习成绩，他甚至产生了换班或转学的想法。

经过几次咨询，咨询师发现，这名来访者有一位特别严厉的父亲。在第五次咨询中，他讲起令他难以磨灭印象的一件往事：在他六岁那年的一天，他和父亲下象棋，自从学会象棋，他下棋一直都不是父亲的对手，每次都铩羽而归。于是他心中始终怀揣着能战胜父亲的想法，为此他还经常和其他小朋友练习下棋，期盼早日战胜父亲。那天晚上，父子两人又在床上摆上棋盘对战起来，自己连输了几局后，他的父亲也许是有些轻敌，在最后一局马失前蹄，走错了几步，最后竟然破天荒地输给了他。因为是第一次战胜父亲，所以他在床上又蹦又跳，手舞足蹈，并且有点得意忘形。原本还平静的父亲大声呵斥道："有什么可得意的，一场小小的胜利就让你骄傲成这样，瞧你这出息，你这孩子就是虚荣心太强。"当听到这些话时，本来就惧怕父亲的他感到害怕极了，他当时内心无比难受，而且非常害怕父亲会继续发怒，甚至责罚他。从此以后，他再不敢和父亲下棋，也不敢在父亲面前表现出高兴的样子，更不敢超越父亲。

➡ 翻过那座山后的成长

精神分析理论认为，进入俄狄浦斯期，孩子从与妈妈互动的二元关系中进入更为复杂的父亲、母亲和孩子的三元关系，孩子需要接收更多的外界信息，协调更多的亲密关系，放弃更多的全能幻想。在这个阶段，父亲能否接纳、包容、支持孩子的各种好与坏，是孩子能否感受到安全、温暖、欢喜、满足的前提。但是，受文化和成长环境的影响，就如上述案例中那位父亲一样，受自身的角色和情感、需要等局限，父亲不能完全超越自身的限制来理解和感受孩子的处境，他所做出的反应或多或少会带着自己内心的未满足的需要和情感态度，甚至受当时当地各种外在因素的影响。在这种情况下，孩子就会在一定程度上承受不被共情，甚至处在被他人要求、被他人需要的情景中，原来在二元关系中那种全能的中心感受加速破溃，于是心生委屈、抱怨、失望、愤怒和退缩。

俄狄浦斯期始终是我们每个人绕不开的阶段，这一阶段就像锻造刀剑的淬火期，火候把握极其重要。谁是把握火候的关键师傅？无疑是父亲。一个能够帮助孩子顺利度过俄狄浦斯期的父亲就是一位好父亲、一名好工匠。正如张天布老师在《冲突背后的冲突》中的如下描写——父亲是一座山：靠山。父亲能养家糊口，提供保护。父亲是一位大英雄：贵人。父亲是孩子想象中的强人，孩子有了困难他会伸手相助，惹了祸能收拾残局。父亲是一个好榜样：文化的缔造者、传承者。男人是从男孩成长起来的，男孩变成男人是需要有人做榜样的。父亲可以是生身之父，也可以是精神之父，可以是心理之父。父亲是个严老师：一个批评者、一个酷教师。父亲是个好玩伴：一个下棋、扳腕的竞争对手。父亲是一架人梯：允许超越、帮助登顶。

我们每个人都要试着去理解这样一个命题：父亲不会随你而改变，唯一会改变的是你自己内心对父亲的认识与解读。父亲的确是一座高山，我们一生都在翻越他，不单是行为上的翻越，更重要的是自己内心的翻越。

▶ 看不见、摸不着的强大无意识

深度心理学研究认为，我们日常行为大部分受潜（无）意识控制，我们会喜欢上某人或某事；遇到事情，有时我们会难过，有时我们会高兴，等等。对此，我们当然会有许多有意识的理由，但其实是我们自己都不知道的强大的无意识理由在左右我们，影响我们对人对事的态度，影响我们的生活体验和幸福感。

★ 理解弗洛伊德的冰山

➡ 水下庞大及深邃的冰山

1895 年，奥地利心理学家弗洛伊德与其合作者布洛伊尔合作发表论文，从此著名的“冰山理论”开始在心理学界传播。“冰山理论”认为人的意识就像是一座漂浮在海平面上的冰山，我们只能够看清楚冰山露出海平面的一小部分，而冰山的大部分则潜藏在海平面的下方。弗洛伊德把这大部分潜藏在海水下方的“冰山”称作潜意识。潜意识的内容只有通过一些特殊的途径才能够上升到意识层面为我们所认知。

弗洛伊德把心灵划分为三个不同的层次：意识，是能够被人类感受到的心理内容，包括思想、感觉和知觉，也包括能表现出来的行为；前意识，由能够变成意识内容的可以接受的想法和情感构成，包括回忆、感触、储存的知识；潜意识，主要由心灵不可接受的想法和情感构成，包括原始的生理驱动、童年的受伤经历、各种负面情绪、利己主义、暴力行为等。荣格提出了意识、个体无意识与集

体无意识。如果能做一个类比的话，我们可以把弗洛伊德的前意识和潜意识与荣格的个体无意识等同，而荣格认为个体无意识一定与一个更深的集体无意识情结相连。集体无意识的提出是荣格对于心理学的贡献。

弗洛伊德与荣格的研究（统称为深度心理学研究）都认为潜（无）意识具有能动作用，它会主动地对人的情绪和行为施加压力和影响。他提出，在日常生活中一些微不足道的行为事件，比如梦、口误和笔误，都是由内心潜在因素决定的，只不过潜意识的内容是以一种伪装的形式表现出来的。影片《国王的演讲》讲述了一位国王因为童年时期缺乏母爱，被自己父亲严厉教育，导致隐藏在无意识中的本能欲望无法顺利表达而形成口吃，最终通过心理医生罗格通过语言治疗恢复正常语言能力的故事。这位国王成年后的口吃就是由无意识的内容表达受阻造成的。

➡ 探索无意识的方法

精神分析的疗法有自由联想和梦的解析。自由联想帮助精神分析师了解来访者无意识中的秘密、愿望，也向来访者展示无意识中包含的、经过伪装的想法和感受，或是被始终压抑在意识下方，被排除在意识之外的心理，也就是海水下的冰山。

梦境是通往无意识的桥梁，梦境会以晦涩的表达方式阐述你内心深处真正的自己（弗洛伊德《梦的解析》）。弗洛伊德相信梦是冲突愿望的伪装满足，通常在现实生活中被禁止的愿望会躲过超我的监督而在梦中被直接表达。他把梦的作用归纳为浓缩、转移、修饰等。

在现实生活中，我们每个人都会做梦，尤其是我们在现实生活中的一些未完成的事件、未满足的欲望、未充分表达的情绪，不会因为有意识的忽略而消失殆尽。一旦有机会，这些内容就会借助梦的途径来进行表达。每个人对自己的梦其实都有自己的理解。

三维的沙盘心理技术及二维的绘画疗法等都是了解无意识的工具。这些技术可以把心灵的内容带入现实世界，让我们看到并意识到。

★ 荣格的集体无意识

➡ 心灵是人类集体智慧的回声

荣格认为，从生理学的进化出发，正如人类的身体有其历史一样，人类的心灵也有其历史。他说，我们的心理有一条拖在后面长长的尾巴，这条尾巴就是家庭、民族、欧洲乃至整个世界的全部历史。自远古以来无数次重复的祖先经验，积淀在人类心理的深层，这就是不依赖于个人经验的“集体无意识”。因此，集体无意识是人类祖先留传下来的心理积淀在现代人潜意识深层的反映，它在很大程度上制约着现代人的心理活动。

在荣格以前，心理学界对无意识的认知始终停留在个体无意识[弗洛伊德的潜（无）意识]这个层面上。而荣格发现了与个体无意识相对应的就是在人类的无意识深处存在的、超越个人后天生活经验的、不依赖于个人经验的、超越个体乃至民族与种族的、具有全人类的普遍性与集体性的心理活动，这就是集体无意识。集体无意识是一种更深层次的无意识，它使人们常常会以与自己祖先相同的方式来应对外界和某些事物，比如人类对黑暗、毒蛇有一种天生的恐惧感，这种感觉不需要后天经验的获得，因为我们的祖先在长期丛林生活经验中形成的对黑暗与毒蛇的恐惧，形成了一种心理定式遗传给我们，这就是一种集体无意识的表现。

集体无意识的现象作为一种典型的心理现象无处不在，并一直像流水一样，默默流淌、缓缓渗透，影响着我们的社会及每个人的思想和行为。中国的传统文化，特别是儒家文化的很多内容，几千年来都深深地影响着我们每一个中国人，成为中国人的集体无意识。

➡ 感受无意识的力量

认识无意识，就是认识自身的力量。我们不仅要去认识个体无意识，更要去认识久远的集体无意识带给我们的深远影响，从而更好地活出自己。

荣格认为原型就是带有集体性、普遍性的非个人的形式，这种形式是先天的、超越个人经验的。因此，集体无意识只有形式而没有内容，往往以原型的方式存在。荣格认为人生中有多少种典型情境就有多少原型，我们需要通过感受原型意象了解其原型意义。

荣格在自己的研究中提出了很多原型种类，如智慧老人原型、英雄原型、大地母亲原型、太阳原型、月亮原型等，其中最重要的原型有人格面具、阿尼玛、阿尼姆斯、阴影和自性。不同文明的人类内心的原型是不一样的。我们在深入内心的无意识时，会先深入个人经历的无意识，而后有可能会深入集体无意识。在这个过程中，我们可能会觉得个人受到个体无意识的影响和控制的可能性高一些。其实在现实生活中，我们都会或多或少受到集体无意识的影响。面对无意识的影响，荣格曾通过绘制曼陀罗而走出心理阴影，原因是曼陀罗是自性的意象，绘制曼陀罗就是让集体无意识的自性原型（一种促进心灵整

合的原型）进入意识层面，激发人们整合内心的心灵碎片和心理能量，促进心理健康。

随着包括集体无意识理论在内的分析心理学不断发展，根植于该理论而产生的各种心理学技术也应运而生，比如由瑞士心理学学者多拉·卡尔夫正式创建的沙盘游戏心理技术，就是一项结合东方思想文化、荣格分析心理学的心理学技术，这项技术至今仍在全世界广为传播与应用。

★ 为人处事中的“梗”（情结）

➡ 我们都拥有情结

许多时候，我们有了念头想去做而又不敢去做，是被什么东西阻碍的呢？这就是情结。

荣格说，我们拥有情结，但如果被情结所拥有，人就失去了理性。这就是认识情结的意义所在。

情结（complex）一词最早是由西奥多·齐思（Theodor Ziehen）于 1898 年创造的。1910 年，荣格在进行词汇联想测验中注意到实验参与者的行为模式折射出这些人的无意识和信念，进而成为情结存在的证据。后来他的这项研究成果被弗洛伊德采纳。弗洛伊德认为情结是一种在意识层面受到压抑而持续在无意识中活动的内容，是以本能冲动为核心的欲望。

荣格认为情结与创伤经验有关，是在无意识中存在着的与情感、思维、记忆相互关联的心理丛，是由创伤的影响或者某种不合时宜的倾向分裂开来的心理碎片。荣格还认为情结是一种自主结构，具有自身的内驱力，仿佛是总体人格中独立存在的、较小的人格结构。这些情结在控制我们的思想和行为方面产生着极为强大的影响，它具有自主性和干扰性。荣格的《心理结构与动态》一书中提到，情结还干扰人们的意志意向，扰乱意识活动：它们起到骚扰记忆和阻碍一连串联想的作用。

在我们的日常生活中，很多人都会有这样类似的体验：一件非常不起眼的小事，如电视节目中的片段，会突然让我们感到无比伤心、痛苦或者愤怒，我们会不由自主地陷入一种莫名的情绪之中，仿佛被某种神秘的力量左右，根本无法控制自己。在这种状态下经常会做出一些让自己不可理解的行为。这时候，其实很有可能就是情结控制了我们。

➡ 超越自卑情结

个体心理学创始人、人本主义心理学先驱、现代自我心理学之父阿德勒的著作《自卑与超越》就是一本深入讨

论自卑情结的书。自卑情结也是阿德勒个体心理学中的重要概念。他认为当个人面对一个他无法适当处理的问题时所出现的心理状态就是自卑情结。阿德勒认为在产生自卑感后，个人就会产生想通过改变形象、争取权力或者变得更为有力量以补偿个体之不足，进而消除自卑感的动机。

然而，当我们能正确地意识到自卑情结时，自卑就会成为人格发展的巨大动力。从某种程度上说，我们每个人都有不同程度的自卑感。自卑会造成个人的紧张感，因此会迫使个人努力摆脱这种让人不舒服的处境。每个人都会努力尝试去消除这种感受带给我们的困扰，只是不同的人采取的方式是不同的。

心灵成长

我们生命的过程，就是做自己，成为自己的过程。

——罗杰斯

人一生都在追求心灵成长与超越，成长的目的是不断解决因年龄增长所带来的发展问题，同时也要解决与社会适应的问题。这既是一个自然发展规律，同时也是一个艰难的过程，因此也可以说成长是“痛并快乐着”。

▶ 认识自我

★ “自我”是什么？

著名的经典精神分析大师弗洛伊德在《自我与本我》一书中对人格结构做了详尽的解释，他认为人格由本我、

自我、超我三部分组成。提出有关自我论述的还有其他心理学家，如荣格，他在弗洛伊德理论基础之上，提出了人格结构包括自我、个体无意识、集体无意识。自我在人格发展中起到了非常关键的作用。

➡ 本我，是想得到充分满足的小孩子

本我即本能，它包含得到一切本能的内部驱动力，比如攻击力、各种欲望，以及弗洛伊德后来提出的生本能和死本能。本我按照快乐原则来处理问题，一般会急于寻找发泄途径，目的就是追求即时的满足，遵循的是"快乐原则"。但是如果一个人只有本我，而且对本我不加以约束与控制，本我就会爆发出惊人的破坏力。

➡ 超我，是内心强大的约束力

超我，是人格结构中代表理想的部分，它通过个体在成长过程中内化道德规范、社会及文化环境的价值观念而形成。其作用主要是监督、批判及管束自己的行为。超我的特点是追求完美。所以，它与本我一样是非现实的，超我大部分也是无意识的。超我要求"自我"按社会可接受的方式去满足本我，它所遵循的是"道德原则"。

➡ 自我，是现实中重要的平衡器

自我在本我与超我之间，代表着秩序、机智和理性，

它具有防卫和调和职能。自我按照“现实原则”行事，就像是一位仲裁员，时刻监督本我的表现，并适当给予其满足，即外界环境允许一个人做什么，这个人就做什么。

对于本我与自我的关系，弗洛伊德曾经做了这样一个比喻：本我是马，自我是马夫，马是驱动力，马夫给马指明方向。自我要驾驭本我，但本我可能会不听话，二者之间就会发生冲突，直到一方让步时为止。弗洛伊德还有一句名言：“本我过去在哪里，自我即应在哪里。”有一本书叫《象与骑象人》，也把人看作两部分：野性奔腾的大象与理性明智的骑象人。骑象人可以驯服大象按照外界情况做出各种动作，但是大象内心依旧具有波涛汹涌的巨浪——本能。自我是一个平衡器，处在外界环境、本我和超我之间，努力协调着它们之间的关系。压抑或放纵一方，如本我太强、超我太弱或是反之，都会使人格失衡。

当下的你读到以上文字时，可以问一下你自己：你在人际互动中展现的是真正的你吗？是本我控制着你，还是超我占据了你？苹果公司创始人乔布斯在斯坦福大学演讲时谈道，要遵从人的感觉，而不是按照教条生活。所以，一个人要努力活出真我，活出生命最美的样子。

➡ “自我”的确立

前面我们提到了一个“内在小孩”的概念，它就像弗

洛伊德人格理论中的“本我”，一直在我们的内心中，不会随着我们的成长自然地消失。它是童年时期没有被满足的诸多需要，时刻会从潜意识深处上升到意识层面，左右你的思维与行为，因此有人也把它称为小我。为了便于理解，我们把现实生活中存在着的我称为“大我”，把潜意识内心的那个我称为“小自”，“小自”与“大我”完全不是一回事。

“小自”一旦被激活，就可能使“大我”乱了方寸。我们看看美国运动心理学第一人、教练技术的先驱摩西·加尔韦是如何让一个面临紧张比赛（“小自”）时的球员的“大我”更稳定的。摩西·加尔韦在其著作《身心合一的奇迹力量》一书中，介绍了他如何稳定“小自”来打球的方法，其核心是“顺其自然地发球”，就是放下头脑的评价，将注意力放在球上，让身体自然而然地发挥，这样打球就可以达到意想不到的效果。相信很多人都会在参加一项重要考试的时候，产生巨大的紧张、焦虑情绪，其实就是因为外在的那个“大我”害怕体验到考试挫败的感觉，于是把大量的注意力集中到外界的评价、判断及自己大脑对考试后结果的各种预判上。而此时害怕被评判的“小自”被激活，产生巨大的恐慌、紧张情绪，跑出来干扰“大我”，影响“大我”的正常发挥。

“小自”会经常被激活，经常出来影响“大我”。因而当“小自”出来时，我们要关照它，看看它在“活跃”时要表达什么，需要什么。放下对它的评判，用深呼吸、肌肉放松等方法，让自己专注于要做的事情上，“自我”就能稳定了。经常建立起这样的连接，稳定的自我就确立了。

★ 了解你的人格类型

➡ 人格研究历史悠久

正如前文所述，“自我”是人格的中心。所以，几千年来我们人类都在穷尽一切办法探问世界与自我。对自我的探索，东方、西方的先贤采用了不同的方法，比如中国人根据《易经》中的易理对人的个性人格进行判断。

古巴伦人最先提出星座学说，后经由古希腊天文学家的补充和发展，编制出了古希腊星座表。

➡ 荣格的人格类型说

随着科学的不断进步，人类对自我有了更加深入、系统的研究，特别是随着心理学的诞生，很多心理学家把研究的重心都放在了人格的研究方向上，比如弗洛伊德、荣格、艾森克、马斯洛、罗杰斯、卡特尔等一大批心理学家，他们都试图从自己研究的角度来阐述人格到底是怎么一回事。

荣格在弗洛伊德的人格理论的基础上，结合自己的大量研究和思考，在1913年慕尼黑国际精神分析会议上提出了内倾型和外倾型的性格概念，随后在1921年，又出版了《心理类型学》一书，充分阐明了这两种性格类型，并在该书中论述了性格的一般态度类型和机能类型。荣格将人的态度分为内倾与外倾两种，同时将心理功能分为思维、情感、感觉、直觉四种，这两个维度再相互组合，就组成八种不同类型的人格特征：内倾思维型、内倾情感型、内倾感觉型、内倾直觉型；外倾思维型、外倾情感型、外倾感觉型、外倾直觉型。下面简单介绍几个类型，领略一下荣格的人格类型研究。

第一种：内倾思维型。其特点是内向，压抑情感，更多时候用理性说话。拥有这类人格的人因为要随时保护自己不被无意识涌现的情感纷扰，所以往往显得冷漠无情，不重视周围其他人，性格上顽固执拗、刚愎自用、不在乎他人的感受；同时又沉浸在自己的世界中，容易变得骄傲自大、敏感易怒。随着这种倾向的不断加强，被压抑的情感功能会转变为以非常狂热的方式对思维施加巨大的影响。

第二种：外倾思维型。其特点是外向，但不愿意表达情感。拥有这类人格的人通常也会压抑自己人格中情感的一面，因而在一般人眼中会显得格格不入，甚至傲慢冷漠，在日常生活中我们会发现外倾思维型的人其情感表达能力或是意愿偏弱，一般来说越成熟、越理性，越羞于表达自己的情感，这类人可能会变得自负、专制，不愿意接受批评。

第三种：内倾情感型。其特点是内心情感汹涌澎湃，但不表现出来。拥有这种人格类型的人一般为女性。很多女性因为先天生理结构以及后天文化塑造，倾向于把情感藏在内心深处。但事实上，她们的内心存在一种强烈的情感，一旦爆发也会产生惊人的能量。曹雪芹所著《红楼梦》一书中的林黛玉就是这类人的典型代表。

第四种：外倾情感型。其特点是情绪情感外化，经常是理智让位于情感。荣格认为这种人格特性更多地体现在女性身上，她们的情绪会随着外界环境的变化而不断变化，往往多愁善感，强烈地依恋着别人，试图用奢华的外表来吸引别人。这类人的典型代表就是《红楼梦》一书中的王熙凤，相信书中她的出场一定给读者留下了深刻印象。

其他还有外倾感觉型、内倾感觉型、外倾直觉型和内

倾直觉型四种不同类型的人格类型。每种人格类型的人都会在思维方式和行为模式上表现出风格迥异的特点，任何一种人格特质都有其两面性，没有是非对错之分，当然一个人的人格特点也许会呈现出上述多种人格类型的特质，而且人格的特质会随着年龄的变化、认知水平的提高以及环境的变化发生一定的改变，比如原来是极度内倾的人在一个宽松的学习或工作环境下慢慢转变为外倾型的人，也可以通过持续学习使思维能力提升，最终从情感占据头脑的人成为一位理性之人。

➡ 人格测试与人才选拔

除荣格关于人格类型的研究之外，九型人格理论近年来也在社会上广为传播，还一度备受美国斯坦福大学等国际知名大学的推崇，成为其较热门的课程之一。该理论认为通过性格类型的观察，我们可以在最短时间内发现自己的思维模式、情绪习惯以及行为模式，更了解自己的人格特点，挖掘个性的潜力，进而接纳他人，提升人际沟通效果。

在心理治疗和心理咨询过程中，我们的心理学工作者会在来访者开始咨询前对其进行心理测试。如果来访者出现人格缺陷方面的症状，那一般就会被安排进行“卡特尔 16 种人格因素问卷”（简称“16PF”）或“明尼苏达多项人格问卷”(简称“MMPI”)的测试,在实际治疗或咨询过程中“卡特尔16种人格因素问卷”应用相对更多一些。卡特尔是人格特质理论的主要代表人物,他的16PF问卷就是伴随着人格特质理论诞生的,该问卷适用于16岁以上的青年和成人,现在有5种版本:A、B版为完整版,各有187个项目;C、D版为缩减版,各有106个项目;E版则适用于文化水平较低的被测试者,有128个项目。“卡特尔16种人格因素问卷”描述了个体的16个方面的人格特征,分别是乐群性(A)、聪慧性(B)、稳定性(C)、恃强性(E)、兴奋性(F)、有恒性(G)、敢为性(H)、敏感性(I)、怀疑性(L)、幻想性(M)、世故性(N)、忧虑性(O)、实验性(Q1)、独立性(Q2)、自律性(Q3)、紧张性(Q4)。通过16PF问卷测试,我们能清晰地看到被测试者16个方面的情况以及整体的人格特点,还可以通过多因素的组合效应反映他的心理健康状况。

▶ 自我成长

★ 好爸妈与自我成长

➡ 自我的五个维度

武志红在其《拥有一个你说了算的人生》一书中提出了“衡量自我的五个维度”:自我的稳定性、自我的灵活

度、自我的疆界、自我的力量和自我的组织力。这五个维度也成为武志红招聘心理咨询师的重要依据。

自我的稳定性分数越高，一个人的自我越稳定、结实；分数越低，一个人的自我就越脆弱，越容易瓦解。自我的灵活度分数越高，一个人就越容易及时调整；分数越低，一个人越会固守自我。自我的疆界，即一个人会将自我延伸到多大的空间。自我的力量，即一个人的力量程度，他是有"汹涌澎湃"的力量，还是只有"涓涓细流"的力量。自我的组织力，即一个人能否不断完善自我，特别是在"高压"下能否及时调整；当自我被打碎后，能否得到疗愈。

从这五个维度，我们其实能够清晰地发现自我更像是在一种包容、支持、关爱氛围下自然生长起来的一种人格特质。

➡ 好爸妈促进自我成长

英国精神分析学家、客体关系理论代表人物温尼科特认为，自我形成时的环境十分重要，环境好坏都会对婴儿的人格发展带来重大影响，这其中最重要的因素就是母亲的照顾。温尼科特认为，最初，母亲本身就是这个促进发展的环境，母亲要全然给到婴儿各种照顾，然后慢慢地朝向“去适应”，即一种重新对本身自我独立性的主张。

温尼科特有一个重要的概念，叫“足够好的妈妈”(Good Enough Mother)，国内的心理学家曾奇峰则称其为“60 分妈妈”。“足够好的妈妈”会在孩子的婴儿期提供给孩子所需要的一切，包括物质上的和精神上的。温尼科特用“原始母爱的全神贯注”来形容母亲对儿童需要的领会。在这种状态下，母亲紧随着孩子的需要及时地回应并满足他。婴儿在某一刻发出的信息被即时接收到了，其内心就会产生满足感和存在感。

因此，家庭的养育方式，特别是母亲的养育方式是如此重要。在生命初期，当你发出信息，现实生活中始终有人带着投入、关爱、抱持的状态回应你，你就会产生依恋，产生爱，产生你对世界的原始信任，你内心就会出现一种稳定的力量，会充满安全感地迎接在你身边即将展开的世界，也会相信这世界是充满爱和阳光的。自我的五个维度也会在爱与信任的基石上不断生长、绽放。

★ 克服自恋，拥抱关系

➡ 自恋的产生

马克思说，人的本质是一切社会关系的总和。人在关系中成长，也在关系中感受到伤害。

提到关系，我们不能不提自恋这个词。自恋首次由精神病学家、性学家霭理士和纳克提出。精神分析学认为，婴儿一出生，就生活在一种“全能自恋”的状态中，他会觉得世界与他是浑然一体的，觉得自己是无所不能的，只要内心有什么想法，就能马上实现。但随着婴儿的成长，他突然发现自己只是一个普通的个体，没有超能力时，特别是当抚养者（妈妈）不能及时回应其要求，不能满足他的原始需要，缺乏带着关爱和祝福的陪伴时，婴儿就会彻底陷入无助甚至恐惧的状态，同时产生自恋性暴怒。此时，“全能自恋”就会破溃。

➡ 自恋的样子

这种自恋的感觉不会随着个人成长自然地消逝，而仍会存在于一个人的内心深处，影响一个人的人格。你会发现在你身边有这样一种性格的人，他们固守着非黑即白、非好即坏的观念，拼命地保护自己内心仅有的美好，喜欢与周围人争论是非对错，其结果往往是人际关系紧张或者淡漠。这类人往往活在自己的世界中，备感孤独，甚至会走入心灵僻径。总结起来，在成年人身上“全能自恋”往往会出现以下表现：一是必须成功；二是拖延症严重，爱幻想，行动少，其实他内心真正的想法是万一自己行动后目标没有达成他就不完美了；三是暗黑心理，别人的一个脸色或是一句话就会激发起他内心毁灭世界的想法，他认为外界的人或事必须按照他的意愿来；四是用独处来疗愈人际关系中受的伤，有很多成年人在失恋后，会把自己封闭起来，因为他认为对方不能像妈妈一样对他，“全能自恋”受损，于是就又回到世界很可怕、世界上都是坏人的心理状态中。

因此，“全能自恋”会造成很多人际关系的困扰，我们必须慢慢学会健康自恋，而健康自恋来源于我们拥抱健康美好的关系。

➡ 在关系中治愈自恋

有学者把精神分析的客体关系理论概括为三句话：性格，在关系中形成；性格，在关系中展现；性格，在关系中改变，而性格在一定程度上即命运。上文中我们讲到，性格的形成与家庭的养育方式、亲人的反应模式有重要的关系，一旦这种模式被婴儿内化，就会对婴儿一生产生巨大的影响。

如果想改变现在的模式，建议你在关系中改变，或者在关系中疗愈。首先要觉察当下你在关系中相处的模式，这个模式一定是反映了你童年时期在原生家庭中与父母互动的关系模式。如果当时父母占主导，你是被动

接受关系者，可能这个模式会让你固守着你的自恋，影响了你的人际关系，那么你就可以尝试调整或构建一个更适合自己的健康关系。武志红在《拥有一个你说了算的人生》中就给出了非常好的三点建议：一是形成从关系的角度看问题的视角，知道当下的关系模式都是内在关系模式的再现，而内在关系模式则是内化了童年的关系模式的结果；二是当和对方的互动有问题时，可以从观点之争中跳出来，点出对方互动中的心理逻辑，点破对方试图构建的内在关系模式；三是尊重事实，化解情绪，转而去构建平等的关系模式。在这三点的基础上还有非常重要的一点，就是任何人都要有一个清晰的认识：谁难受一定是谁的问题。当你在关系中感到难受的时候，你要去清晰地审视一下自己的关系模式是否存在诸如"全能自恋"的婴儿状态，因为只有你真正放下自恋，才能为平等的人际沟通打开一扇明亮的窗。

国内心理学学者李孟潮在其著作《浊眼观影》一书中分享过这样一段话：随着你越来越能理解自己，你越来越能理解别人；随着你越来越能理解别人，你越来越能原谅别人；随着你越来越能原谅别人，你越来越能原谅自己；随着你越来越能原谅别人和自己，你越来越能接纳别人和自己；最后，你就可以活得比较轻松一些。因此，放下自恋，拥抱关系，去理解别人，去理解自己，去接纳别人，最后其实是接纳自己。

★ 对话阴影·圆融自我

➡ "丑陋的"阴影

荣格认为，在人的无意识原型中，阴影是其中最主要的原型，他认为阴影代表相关的情结和被压抑的、"见不到光"的心理能量。荣格认为，从古至今，阴影以不同的原型出现在各种神话故事和传说中，比如黑暗兄弟、双面人、邪恶双胞胎等。1917 年，荣格在《论无意识心理学》一书中称阴影是"内在令人讨厌的次级部分"，或者是"让我们感到难堪和丢脸的另一个我"，最后荣格把阴影定义为负面的人格，也就是所有我们痛恨并想隐藏起来的、令人厌恶的特质，也是我们未充分发展起来的功能和个人无意识的内容。

阴影根据其产生的环境来分类，可以分为家庭、家族和国家的阴影。在一个家庭或家族中，假如家庭或家族成员对于死亡或者丑闻不能妥善处理，那么家庭或家族成员可能会继续受到伤害，为了避免家庭或家族成员再次受到伤害，家庭或家族的主要成员就会将这些事情隐瞒下来，成为家庭或家族成员的一种被压抑的阴影。德

国家庭治疗大师海灵格发展的家庭系统排列理论认为，在一个家族中，一个孩子可能根本不知道某位前辈的事情，也从来没有人对他说过，但是他却莫名其妙地认同这位前辈，也就是说这位前辈身上没有被认可或实现的阴影部分始终在家族中存在，它不可能无缘无故地消失，而是会以一种潜移默化的方式向下一代传递。

阴影也会出现在国家、民族的层面上。特别是在战争期间，参战双方都会借助传播媒体增强集体阴影对“敌国”的投射，会竭力在对方身上找到己方内在所有自认为可恨和该受处罚的部分，其实这部分恰恰是一个国家或是一个民族内部的巨大阴影。国家层面的阴影也会以集体无意识的方式镂刻在每一个人的心中。

➡ 让光照亮阴影

面对阴影，我们有一个非常重要的方法，就是让阴影回到阳光下，这个阳光就是意识。国内著名心理学家朱建军认为，任何在梦中、想象中或者影视中让我们非常有触动的意象，我们都可以试着与其对话，当然也包括阴影。先看看面对阴影时有什么样的感觉，想对它说什么；再想象自己进入它的身体，成为它，它面对着你自己，有什么感觉，想说什么；再离开它的身体，回到自己的身体里，看看又有什么样的感觉，又想说点儿什么。这样一遍遍地让阴影慢慢地从无意识深处出现，最终成为能被你接纳的人格的一部分。

庄子《齐物论》中讲述了一个影子与影子的影子（魍魉）的对话，原文是："罔两问景曰：'曩子行，今子止；曩子坐，今子起；何其无特操与？'景曰：'吾有待而然者邪？吾所待又有待而然者邪？吾待蛇蚹蜩翼邪？恶识所以然？恶识所以不然？'"意思是：庄子讲了个关于影子的寓言，说影子之外的影子（魍魉）问影子："先前你行走，现在又停下；以往你坐着，如今又站了起来。你怎么没有自己独立的操守呢？"影子回答说："我是有所依凭才这样的吗？我所依凭的东西又有所依凭才这样的吗？我所依凭的东西难道像蛇的鳞和鸣蝉的翅膀吗？我怎么知道因为什么会是这样？我又怎么知道因为什么而不会是这样？"假如我们把影子比喻成自我，那么影子的影子（魍魉）就是我们的阴影，它其实始终跟随着自我，我们不可能摆脱它、抛弃它，唯一的办法就是经常与它保持对话，因为不快乐的源泉来自自己的内心阴影，因此我们要学会与阴影对话，接受阴影的不完美，才能有更多的心理能量去调节好恶情绪的发泄，以及喜怒哀乐的转换节奏。唯有当自我与阴影相互协调和谐时，人才会感到自己充满了生命的活力。

★ 知行合一，自我实现

➡ 何为知行合一？

中国明朝大儒王阳明创立了心学，其中一个重要的词语是“知行合一”。王阳明认为“知”是心的本质所在，也就是说知是自己，是自己内心的良知。王阳明发现，良知来源于内心，而参悟心学的人其实并不会探究什么是良知，因为其实良知就在我们心中，因此从心理学角度来看王阳明所指的心，其实就是性格与智慧，其中包括意识层面与无意识层面的所有人类能够感知或者靠直觉能觉察到的一切信息，以及由此形成的能够依照人类心理发展的价值规律、取向。王阳明心学中的“行”是指现实中的具体执行，也包括心理学意识层面的行为，也就是说我们的思维也应该被归入“行”的范畴中。

王阳明认为，知到深处便是行。任何一种“知”，一旦你真正了解，内化成自己的人生体悟，就会自觉变成你的“行”；反之，如果你看似了解了一个“知”，但是你不去“行”，比如说我们很多人从小学开始不断学习，一直到大学本科甚至研究生、博士生毕业，学到了很多知识，但是我们学的这么多“知”是否都被你“行”了，真正成为你内心抹不去的智慧了？或者是你内心中有很多对这个世界的疑问，也就是有求知、求真、求存的欲望，但是是否去真正实践了呢？我想很多人读到这里会有一声轻轻的叹息，可想而知知行合一有多难。

➡ 自我实现与知行合一

人本主义心理学家马斯洛提出过非常著名的需要层次理论，他认为人最终有七种需要：生理需要、安全需要、社交需要、尊重需要、认知需要、审美需要和自我实现需要，其中的自我实现需要我们可以理解为成为一位知行合一、自己能够掌控自己的人的需要。

马斯洛认为，真正能够达成自我实现、成为真正自主的人具备14个明显的人格特点：(1)准备和充分认识现实；(2)宽容且疾恶如仇(敢爱敢恨)；(3)对自己的体验全然敞开，按照本心去行动；(4)以问题为中心，不以自我为中心；(5)超然独立的性格(不依赖他人，自己决断)；(6)不迷信权威和文化；(7)清新脱俗的鉴赏力(永远带着惊异)；(8)真切的社会情感；(9)深厚的人际关系；(10)民主风范(将每一个人当作世界上独一无二的人)；(11)高度的道德感(己所不欲，勿施于人)；(12)批判精神；(13)接受模糊状态(学会等待，静等花开)；(14)高创造力。

作为一个普通人，也许我们不能完全按照马斯洛所

说的 14 条标准去实践，成为一名真正意义上自我实现的人。因为我们有原生家庭带来的影响，等等。假如自我被破坏，我们就要努力用一生回归自我，为此马斯洛也给出了一些意见：(1)重建你的内部评价体系，比如试着自己做决定，放弃对身边人的依赖，放弃对权威、文化以及流行的迷信；(2)倾听并接受你内心的声音，试着按体验的本来面目去接受它们；(3)把每个人当成独一无二的人，包括自己。

在我们的日常生活中，尽管脑海中一旦有个好的念头就马上去实践的“强人”不是特别多，但是我们每个人可以朝着王阳明提出的知行合一的人生目标，用心理学家马斯洛提出的标准去勇敢尝试，为自己的生命负责，激发自己内心的能量，努力做一个知行合一、自我实现、敢爱敢恨的人。

▶ 积极心理的觉醒与再塑造

人本主义心理学家罗杰斯提出“非指导式治疗”的基本假设是人在本质上是可以信任的，也就是人有自我了解及解决自己问题的潜能。荣格也提出，每一个人都有成长发展的内驱力。为此，心灵的超越中最重要的一个方面就是激发内在积极心理的觉醒与再造。

★ 塑造积极心理品质

➡ 积极心理品质的作用

第二次世界大战以来，心理学偏重过度强调心理疾病的治疗，忽视了普通人如何生活得更美好，遗忘了如何培育与生俱来的天赋。1998 年，美国宾夕法尼亚大学心理学教授塞里格曼（Seligman）教授提出了积极心理学。积极心理学是关于积极的情绪、积极的人格特质和积极的组织与文化的科学研究，它的根本目的是增进人类的幸福，促进社会的繁荣。

积极心理学的兴起为 21 世纪的心理学带来了新的思潮。彼得森和塞利格曼通过调查研究，将人类的个人优势归结为以下六大类 24 种积极心理品质（图 2）。这是人类的先天优势。

六大类24种积极心理品质

- **智慧与知识：好奇心、创造力、好学、觉察力、思维力**
- **勇力与能力：正直、坚韧、勇敢、活力**
- **仁爱与人道：爱、善良、社交智力**
- **公正：公平、领导力、公民精神**
- **修养与节制：宽恕、谦逊、审慎、自我规范**
- **超越：希望、欣赏、灵性、幽默、感恩**

图 2　六大类 24 种积极心理品质

这些优秀品质并不是随着人的成长自然而然呈现出来的，需要我们不断地培育，从中体会到积极幸福的生活。

中国文化中早已确认了人具有积极心理品质，《三字经》中“人之初，性本善”，就是说相信人本善良，人本来就具有积极心理品质。王阳明在“心学”中也特别强调“心外无物”“心外无理”。“心”不仅是万事万物的最高主宰，也是较普遍的伦理道德原则，只有向内求，才能“致良知”。

★ 培育积极心理品质的方法

塞里格曼认为，积极心理品质存于内心，但需要去培育与激发。他认为，积极心理品质（积极人格）实现的主要途径是增进积极体验，培养良好的自尊心。

▶ 增进积极体验，产生幸福（福流）

★ 积极体验与福流

增进积极体验就是让我们感觉到幸福（福流）。积极心理学研究认为，人处于幸福的状态时，大脑会产生多巴胺、内啡肽、血清素等。怎么才能获得幸福的这种积极体验呢？研究认为，当你的工作与学习有清晰的目标、及时的积极反馈、任务的难度与完成任务所需的能力成正比时，你就可能进入全神贯注、心无旁骛、物我两忘的状态，而这种状态就是积极的体验，这样才能获得幸福感。

庄周在《庄子·养生主》中记载了庖丁解牛的故事。假如我们用心理学的眼光来看待这位厨工的行为，我们会发现，他的奇遇其实就是一种发自内心的稳定能量，是对一件热爱的事情的一种全然投入的状态，是长时间对一件看起来枯燥乏味之事反复研磨的结果。假如能进入这样的一种状态中，那么恭喜你，你进入了福流的状态。

福流也被称为“心流”，是由米哈里·契克森米哈赖在大量案例研究基础上，开创性地提出的概念。他在其著作《心流：最优体验心理学》一书中指出，“心流”是指我们在做某些事情时，那种全神贯注、投入忘我的状态。在这种状态下，你甚至感觉不到时间的存在，在完成这件事情之后你会有一种充满能量并且非常满足的感受。他认为，很多时候我们在做自己非常喜欢、有挑战性并且擅长的事情的时候，就很容易体验到心流。一名攀岩选手这样描述心流的感受：越来越完美的自我控制，产生一种痛快的感觉，你不断逼身体发挥所有的极限，直到全身隐隐作痛；然后你会满怀敬畏地回归自我，回顾你所做的一切，那种佩服的感觉简直无法形容。它带给你一种狂喜、

一种自我满足。只要能战胜自己，人生其他挑战也就变得容易多了。

➡ 做有意义的事来创造福流

不知道你是否有过这样的感觉：通宵玩游戏、喝酒、唱歌的娱乐喧嚣过后，紧随而来的是无尽的空虚，因为这些事情本就不是你真正热爱的事情，而是你用来“杀死”时间的利器。

积极心理学研究认为，让我们体验到幸福的事有：

第一类：我们爱做的事。

第二类：经常让我们进入幸福状态的事。

第三类：有时会让我们进入幸福状态的事。

第四类：很难让我们进入幸福状态的事。

米哈里·契克森米哈赖在心流状态的研究中有两个发现：第一，无论多么特别的活动，在进行得极其顺利时，当事人的心流感觉都极为相似；第二，不分文化、现代化程度、社会阶级、年龄与性别，受访者所描绘的快乐大致相同。同时，他提出了心流体验的八项要素：一是面临一份可以完成的工作；二是全神贯注于这项工作；三是有明确的目标；四是有及时的反馈；五是能深入而不牵强地投入行动，将日常生活中的忧虑和沮丧一扫而空；六是充满乐趣的体验使人觉得能自由控制自己的行动；七是进入忘我状态，但心流体验告一段落后，自我感觉又变得强烈；八是时间感会变化，几小时可能犹如几分钟，几分钟也可能变得像几小时那么漫长。

➡ 人生目标与福流

米哈里·契克森米哈赖说："创造的意义就是把自己的行动整合成一种心流体验，由此建立心灵的秩序。"对此他详细描述道：当痛下决心追求一个重要的目标，各式各样的活动都能汇聚成统一的心流体验时，意识就呈现出一片祥和。知道自己要什么，并朝这个方向努力的人，感觉、思想、行动都能配合无间，内心的和谐自然涌现。生活在和谐之中的人，不论做什么，遭遇什么，都不会把精神浪费在怀疑、后悔、罪恶感及恐惧之上，精力永远用在有益的方面。对生命胸有成竹的人，内心的力量与宁静，就是内在一致的最高境界。方向、决心加上和谐，就能把生命转变成天衣无缝的心流体验，并赋予人生意义。达到这种境界的人再也不觉得匮乏。意识井然有序的人不害怕出乎意料的事情，甚至不惧怕死亡，活着的每一刻都富有意义，大多数时候也都乐趣无穷。

也许有很多人会树立一个目标，但是这个目标背后的心理动力是有一定层次的。第一层次：心理动力的人生目标是满足自己的生理需要，吃饱肚子、繁衍后代，但是如果生而为人，把一生的目标都定位在吃、喝、玩、乐上，那与动物几乎等同，这类人最终可能走入心灵僻径。第二层次：心理动力的人生目标是争名逐利，在这一过程中，有的人也会产生一种心流，他们会在名利的旋涡中无法自拔：得到名利，他们就喜极而泣；一旦失去名利，则万念俱灰。巴尔扎克笔下的老葛朗台无疑是这种人士的代表。第三层次：心理动力的人生目标是有崇高的人生追求，这种人生追求不是为一己私利，而是为天下苍生。

在儒家学说倡导下积极入世的历代大儒们就是很好的榜样，比如北宋大儒张载在《横渠语录》中就把他的人生目标定位为：为天地立心，为生民立命，为往圣继绝学，为万世开太平。最高层次心理动力的人生目标是能够看透包括宇宙在内的万世万物的发展规律，并按照这个规律去行动。

➡ 积极践行与福流

目标确定了，其次就是心生决心、心生和谐，这就要求我们先改变自己，因为目标不会在我们心中产生后就自然实现，需要我们下定决心去不断努力才能实现。不论是参加一个暑期夏令营、学习一项体育技能，还是研读一本古书、深钻一门学科，都需要集中我们内心的精神能力和注意力，确定挑战与自己的能力相匹配，在不断的学习、精进、互动中，心流随之涌现。

米哈里·契克森米哈赖提出，在日常的生活中，我们可以通过参加不同的活动，以不同的方式去寻找心流的感觉。比如感官之乐，他举例：有人一走进舞池就觉得漂浮了起来，好像喝醉的感觉，人会浑身发热，欣喜不已，仿佛借着身体与人沟通；再如思维之乐，他讲了牛顿的故事，牛顿在实验中太投入，把手表放进沸水中，手上却拿着鸡蛋计算时间，他完全沉浸在抽象的思考中；还有工作之乐、人际关系；等等，都能成为心流的途径。即使是在挫折和痛苦中，我们只要心生目标和决心，就能够在极度困苦的境遇下寻找心流的乐趣。

还有另外一种来自潜意识深处的心流，比如《月亮与六便士》的主角斯特里克兰德，当他发现画画才是他人生的全部意义后，他就产生了强大的心流，这种心流的感觉让他冲出世俗的藩篱，走向了艺术的至境，这种心灵力量跟米哈里·契克森米哈赖提出的意识层面控制的心流不一样，应该是来自无意识的。

★ 培养良好的自尊

➡ 自尊感与成长

积极的人格品质除了需要积极的幸福体验的培育过程，也需要在平时的日积月累中培育自尊感。自尊感是人的基本需要，自尊感维持了自信，增加了勇敢，增强了信念等，是实现自我价值的重要心理能量。

孩子的自尊感会让孩子在家庭、学校和社会工作中准确找到自己的位置，并对人的社会行为起到重要的调节作用。一个人的自尊感在孩提时代受父母、教师的影响，青少年以后就需要靠自己来建立。培养与保持人的自尊感，不伤害人的自尊心和不使自尊感向畸形的方向发展，这是家庭和学校教育工作的重要任务。

➡ 自尊感的培育

在你童年的成长过程中，家长在培养你的自尊感中起到了非常关键的作用。如小孩子在遇到危险时，家长说："孩子，别怕，爸爸（妈妈）在这。"孩子就会很稳，自尊感就会慢慢发展。在家庭活动中，多鼓励孩子，让孩子去尝试接受挑战，当孩子经历成功后，会觉得自己有能力，同时获得自尊感，将来做事更积极、更主动，更愿意参与。在孩子失败时，家长教会孩子看清失败的原因，并知道下次遇到类似的情况怎么解决，从而缓解孩子的失败感，发展良好的自尊。

另外，一个孩子被家长无条件地爱、接纳，孩子才会有安全感，孩子觉得“我是很棒的，我是有能力的，我是有价值的”。家长积极正面地回应孩子的需求和情感，不要用惩罚来教育孩子，在同理的前提下再去规范和指导孩子的观念和行为，避免惩罚、破坏孩子自尊的建立。这些对于自尊的培养特别关键，这使孩子知道如何尊重别人，尊重自己，发展良好的自尊心。

当有了自我意识后，自己要有意识地每天发现自己身上的优点，自己为自己做积极的回应，赞美自己，鼓励自己。这对于离开家长的评价体系之后的个人自尊的培育特别有帮助。

★ 发现并善用你的优势品质

24 种积极心理品质人人都有，但每个人身上都有最优秀而独特的地方，这份优秀只属于你自己。而一个人成功与否，取决于他是否能发现自己的优势，并全力将它发挥出来。只有了解自己的优势，最大限度地发挥自己的专长，才能登上人生的绚丽舞台。我们要通过正确的评价，来发现自己的长处，肯定自己的能力。

自我评价的方向和内容对人自身有很大的影响，只看自己的缺点好像千百遍地听人说“你这不行，你那不行，不准干这，不准干那……”但从来不知道自己哪儿行、不知道要干什么，这种情景是非常令人绝望的。然而，如果自我评价的方向是正向的、自我肯定的，能够准确发现自己的长处和优势，不仅会由此产生积极的情感体验，同时将更有可能发展出好的行为，产生良好的结果。

有一个小男孩很喜欢柔道，一位著名的柔道大师答应收他为徒。然而，还没有来得及学习，小男孩就在一次车祸中失去了左臂。那位柔道大师找到小男孩，说：“只要你想学，我依然会收你做徒弟的。”于是，小男孩在伤好后，就开始学习柔道。小男孩知道自己的条件不如他人，因此学得格外认真。三个月过去了，师傅只教了他一招，小男孩感到很纳闷，但他相信师傅这样做一定有自己的道理。又过了三个月，师傅反反复复教的还是这一招，小男孩终于忍不住了，他问师傅：“我是不是该学学别的招数？”师傅回答说：“你只要把这一招真正学好就够了。”又过了三个月，师傅带小男孩去参加全国柔道大赛。当裁判宣布小男孩是本次大赛的冠军时，他自己都觉得不可思议，只有一条手臂的他，第一次参赛就以同一招打败了所有的对手。回家的路上，小男孩疑惑地问师傅：“我怎么会以一招得了冠军呢？”师傅答道：“有两个原因，第一，你学会的这一招是柔道中最难的一招；第二，对付这一招的唯一办法是抓你的左臂。”

优势品质是需要培育与挖掘的。具体做法有“欣赏并感激自己”“欣赏他人”等。比如，坚持每天在睡觉前回忆并感恩发生在自己身上的三件好事；或书写感激自己和他人的日记；或定期去向自己和他人做感谢访问；等等。同时，一个人要不断做善事，在积极的付出过程中，享受付出努力的过程，并且收获到因你的付出而得到的快乐。

以上操作当你坚持 49 天时，你会发现自己的优秀品格，还可能发现自己的优势能力。当你善用这些优势能力时，你有准确的人生目标，也有为之奋斗的能力，当在追求目标过程中，遇到难题时，你也会调动你积极的品格去解决这些难题，而且在解决的过程中就能体会到“福流”（积极的体验），维持自尊，过有意义的生活。

专业学习及职业生涯

人生不是一支短短的蜡烛，而是一只由我们暂时拿着的火炬；我们一要把它燃得十分光明灿烂，然后交给下一代的人们。

——萧伯纳

20 世纪 80 年代初，我国部分高校就开始设立心理学专业，距今 40 多年的时间，专业越来越优化，培养了大批人才。下面我们了解一下专业学习及专业应用方面的问题。

▶ 心理学专业学什么？

心理学有自然科学和社会科学交叉的特点，它既是一门理论学科，也是一门应用学科。

★ 心理学本科生都学什么？

参考部分国内名校心理系培养计划，心理学本科生主要学习心理科学的基本原理、知识和科学思维、心理学研究的基本方法，需要具有进行心理学研究与应用的基本能力和职业道德。

➡ 具体培养要求

掌握心理学的基本知识与理论，了解心理学科的最新发展动态以及应用前景；掌握心理学的研究方法，能够进行研究设计，收集数据和统计分析，撰写论文和交流，掌握数学、生物学、哲学、社会学等专业的基本知识；能够应用现代技术获取信息与实施研究。毕业生获得理学学士学位。

➡ 课程类别及学习内容

国内高校心理系本科生的核心专业课大体可分为学科基础类及研究方法论两部分。

学科基础类包括普通心理学、发展心理学、生理心理学、社会心理学、教育心理学、管理心理学、人格心理学、异常心理学、临床心理学、心理学史等。

研究方法论包括心理学经典研究、心理学研究方法、

心理统计、实验心理学、实验心理学实验、心理测量、多因素实验设计、论文写作等。

以下是本科阶段核心课程的研究学习内容。值得注意的是，它们同样是心理学研究生（包括硕士和博士）的细分研究领域，区别是相比之下本科阶段范围更广、深度较浅。

普通心理学是研究正常成人心理的最一般规律的学科。研究范围包括心理学的理论原则和方法、心理过程、心理状态和个性心理特征的基本原理。包含各分支心理学的核心概念、有广泛共识的研究成果、一般知识和理论基础，是一门基础的、入门的心理学。内容通常包括心理活动的生理基础、心理的发生和发展、注意、感觉、知觉、记忆、表象和想象、思维、言语、情绪和情感、意志、技能、个性和个性倾向性、气质、性格、能力等。

发展心理学探讨个体一生的行为变化与年龄之间的关系，探讨个体由受孕到死亡，行为与遗传、环境、成熟、学习、个别差异、发展阶段等因素的关联。主要研究人类随年龄增长，在身心方面成长与变化的历程，从发展现象的解释与说明中预测并控制行为的发展。促成发展的因素是遗传还是经验？婴儿如何辨识亲人？青少年为什么有叛逆期？成年人为何会在中年期换工作，挑战第二人生？这些都是发展心理学所探讨的议题。从前该分支特别注重儿童心理发展的研究，近年来研究对象逐渐扩大，涵盖青少年、成人与老年人。

社会心理学关注社会文化与个人之间如何相互影响，探讨不同的社会情境中如何影响人的行为、认知、情绪和意志。与之有关的学科包括政治学、社会学、大众传播学、教育学以及文化人类学等。社会心理学家研究的主要对象则是个人在团体里的行为。人际关系、群众行为等，都是社会心理学关心的领域。针对该领域不但进行理论性的实验研究，也会发展出具有实际用途的技术，例如社会态度的测量和有关政治或者社会问题的意见调查。

生理心理学又称生物心理学、心理生物学或者行为神经科学。广义生理心理学探讨生理与心理的交互作用；狭义生理心理学以研究生理作用与心理、情绪、行为等反应所产生之关系为主。生理心理学旨在探讨人与动物的感觉器官、神经系统、内分泌系统等三方面的功能对个体行为的影响，包括对学习、记忆、感觉、情绪、动机、性行为与睡眠等行为的研究。它和心理学、生理学、解剖学、生物化学、内分泌学、神经学、精神病学、遗传学、动物

学、哲学以及工程学等都有密切关系，并且可在精神医学、犯罪学、政治学等领域做更进一步的发展。

人格心理学的研究旨在探讨个体的人格特质、人格发展以及影响人格的因素（遗传、社会文化、社会阶级、性别、父母教养子女方式、宗教信仰及自然环境），从而预测它对塑造人类行为和人生经历的影响。人格心理学可能运用自然观察法、面谈的方式或使用测验，以便了解人格的特质，也会用实验来验证行为的一般性原理。人格的形成受到不同因素的影响，因而发展出不同的分析理论，包括心理精神分析论、社会认知论、人本主义及生物学派等。

临床心理学是心理学的应用领域课程，涉及研究、教学及各种生活范畴，旨在运用心理学的原理、方法和程序评估、理解和治疗个体在理智、情绪、心理、社会各方面的适应不良及障碍。其核心领域包含诊断、干预、咨询、研究及专业原理的应用，运用心理测量及心理治疗替个案诊断和治疗；帮助心理失常的人，运用心理学知识协助心理失常者了解自我并改善生活适应的情形。人格心理学和临床心理学研究方向很相似。前者通常对正常行为进行研究，而后者则着重对异常行为进行研究。

异常心理学又称病理心理学，研究非正常的行为、感情、思考模式或引起精神疾患的原因。这个心理学分支通常只处理临床上的案例。人类在很长的历史期间试图理解或控制被认为是异常或偏离常态的行为（在统计数据、功能、道德或其他意义上），而且所采用的方法通常存在文化差异。异常心理学针对不同的条件确定了多种原因，采用了心理学和其他领域的许多不同理论，并仍争论于“异常”的定义。传统上，心理学和生物学在各自解释上常存在分歧，并反映出关于身心问题的哲学二元论，在尝试对精神疾患进行分类时，也有不同的方法。

精神病理学是与异常心理学相似的名词，但更多地暗示了潜在的病理学（疾病进程），因此这个术语更常用于医学专业，又称为精神病学。

教育心理学将心理学知识用在学校教育中，重点是从心理学视角研究教育活动，目的是要解决教育的应用课题。其研究对象非常广泛，包括学习、能力、班级、教材、指导、评价、课程和校园暴力，也包括教师、教材、学习指导、教育评价、学校人际关系等一线教育问题。它也被广泛应用于教学设计中，即学习材料、学习活动以及交互式学习环境的系统设计。

该领域研究教育者和受教育者在特定教育环境下的学习心理及效果，不限于应用在学校等场所。教育心理学的理论应用在教育上，可以协助设计不同课程，使其符合学生所能理解学习的范围；也可以改良教师的上课方式，让更多学生能够适应老师的教学方法；或是从学生下手，研究求学动机，激发出求知欲和潜力，让学生更愿意学习。教育心理学者的主要兴趣在于如何应用心理学的知识来提高学习效率。

市场心理学研究交易行为参与者的体验和行为，主要观察对象是供应商（生产者）的市场行销活动（例如沟通、广告、销售等）、需求方（消费者）的购买行为，以及市场管理者（政府）的管制，从经济学的视角观察其经济伦理学行为。可以区分为销售心理学、广告心理学以及消费心理学。

管理心理学研究组织活动有关于员工的心理和行为问题。运用心理学原理探究团体组织里人和事的问题，如员工的工作态度、工作满意度、工作压力和价值、群体行为等。其研究重点是组织管理中具体的社会心理现象，以及个体、群体、组织、领导中的具体心理活动的规律性。作为一个在企业管理的改革与发展实践基础上产生的年轻学科，其主要任务是探索改进管理工作的心理依据，寻求激励人心理和行为的各种途径和方法，以最大限度地调动人的积极性、创造性，提高劳动生产率。

心理统计学是统计学方法在心理学以及教育学测量领域的应用。它的目的是测量人的能力、知识、态度、性格特征等，并且开发相应的工具。心理统计学被广泛应用于测量人的性格、态度和信仰、教育产出，以及健康相关的领域。测量这些不可观察的特征是非常困难的，在理论界，许多研究都致力于准确的定义这些概念并且把它们量化。批评也聚集于对于这些定义和量化工作的怀疑。

实验心理学以科学的实验方法，研究人类与动物各种心理及行为，研究对象包括感觉、知觉、记忆、解决问题、思考、学习、动机及情绪等各方面的基本心理。研究行为的生理基础的生理心理学(physiological psychology，如性激素如何影响行为)和比较不同种动物行为的比较心理学(comparative psychology)也属于实验心理学的范围。

实验心理学主要研究不同情景下人类的行为。通常，实验中要求人类参与者做某些任务。除了测量反应时间、错误率之外，还可在实验之前、之间、之后运用调查、观察的方法研究。发展到今天，实验心理学所争论的

问题多是如何使心理学的实验方法更加完善，如何用实验室中发现的心理学规律来解决实际问题。

心理测量学旨在借由各种心理测验工具，测量个体的行为与能力，又称心理计量学。心理测量学评鉴现有的心理测验，发展出新的测验，而且改进或创造新的心理统计方法。心理测量学包括人格、智力、性向、兴趣、态度、自我概念、人际关系、行为困扰及心理健康等心理测量工具的研发。同时，采用各种统计分析方法，如：测验常模化、标准化、利用 IQ 量尺、信效度分析等方式来说明与解释测验的结果。心理测量学家提供心理诊断的工具或各种量表给应用心理学家（包括学校心理学家、咨询和临床心理学家及工业心理学家等），以应用在咨询、心理辅导、心理治疗、职业辅导、学习辅导、员工甄选与训练、犯罪矫治等领域，并提出解决方法。

★ 心理学硕士专业方向及学习内容

➡ 硕士培养与学习方式

我国心理学硕士分为学术型硕士与专业硕士两类。学术型硕士以培养教学和科研人才为主；专业硕士是具有职业背景的硕士学位，为培养特定职业的应用型人才而设置。

学习方式上，心理学研究生设置的理论类课程较少，其中研讨课的比例逐渐增大，很多学校设有相应细分方向的新进展课程，需要研读和报告大量最新文献。同时要切实参与课题组、实验室正在进行的科研项目，在这些研读与实践过程中学习和掌握学术研究的具体思维与操作技能。

读文献、做实验/招募被试、学习统计和编程，是心理学研究生学习科研生活中最常见的活动。

➡ 学术硕士

我国高校中，心理学学术硕士研究生分为基础心理学、发展与教育心理学、应用心理学三个大方向。三个方向共同的专业课通常包括研究方法类课程，如高级心理统计、心理学原理与应用、心理学研究方法研讨课等。其他专业课程视研究方向不同有所不同：

- 基础心理学方向

①研究范围。基础心理学研究一般的心理现象、规律，研究方法论（如实验设计、心理测量、统计等），动物心理学，包括感觉、知觉、意识与注意、学习与记忆、思维与言语，动作，情绪情感与动机、情绪与意识，个性（人格）心

理特征与个性（人格）倾向性等现象及其有关生物学基础，基础心理学的基本理论、历史和方法。

②常见方向：认知神经科学/认知心理学、人格心理学、实验心理学、行为机制分析与应用等。

我们以“认知神经科学/认知心理学”举例，它研究认知等心理活动的脑机制，如听觉、嗅觉，或者其应用，如人机工程。主要内容有基本认知过程的神经基础，情绪和社会认知的神经基础，心智障碍的神经基础，基因、遗传、环境与脑、行为的相互作用。国内外高校里，更多的是把神经科学单独分出来，成立研究所或者学院等。

③培养目标及适合人才。基础心理学学术硕士是培养具有科研与教学工作能力的专业人才。具有较系统的基础心理学以及相关学科的基本理论知识，掌握实验、统计、测量等研究方法，有浓厚学术兴趣和学术理想，想进行深入的专业研究的学生可选择。

④常设专业课程：基础心理学研究进展、认知神经科学、实验心理学进展、高级生物心理学专题、人格心理学研究、模块心理学、学习与记忆的神经科学研究进展、心理学理论进展、心理学实验技术分析、社会认知、实验社

会心理学、进化心理学新进展、艺术与审美行为机制分析研究专题、情绪心理学进展等。

- 发展与教育心理学方向

①研究范围：发展与教育心理学是心理学主干学科，包括发展心理学和教育心理学两个分支。主要研究个体心理的发生与发展，以及人类学习与教育，特别是学校教育在促进个体心理发展变化中的心理学问题。

当前该领域表现出综合与应用研究两个趋势，内部不断产生一些新的交叉学科，如发展心理语言学、发展心理生物学、发展心理病理学、发展心理社会学、教育社会心理学、学科教育心理学等。

②常见方向：认知发展、社会性发展、人格发展研究、学习心理学、教学心理学、认知与语言发展、个性与社会性发展、毕生发展、教育心理学、教育神经科学。

③常设专业课程：高级教育心理学、学习心理学、高级发展心理学、毕生发展心理学、自我发展心理学、心理发展理论、教育心理学史、学业不良心理学研究、认知发展研究、青少年发展研究实践、发展心理研究方法专题、社会认知发展、毕生发展文献研读、应用发展科学研究专题、学校心理学专题研究、专长心理学、教学设计原理、当

代教育心理学发展研究、教育神经科学、第二代认知科学概论、心理发展的文化生态学研究实践、文化发展文献研读、老年心理学等。

④培养目标与适合人才。培养目标为在教育与教学中应用心理学理论与实践促进青少年发展，提高教学质量，有效进行教育教学管理，以期培养全生命周期过程中的心理辅导及促进人格成长的优秀人才，立志在教育行业长远发展的专业人才。

• 应用心理学方向

①研究范围：运用心理学原则及理论研究其他领域中实际的问题，例如管理学、产品设计、人因工程学、营养学、法律及临床药物。主要领域包括工业与组织心理学、法庭心理学、人因工程学，也包含教育心理学、运动心理学及社群意识。

②常见方向：管理心理学、消费心理学、工业与组织心理学、运动心理学、工程心理学、环境心理学、康复心理学、用户体验、临床和咨询心理学。

③常设专业课程：学校心理学比较研究、临床心理学前沿研究追踪、社会心理学专题研究、组织心理与行为专题研究、性别研究与女性成才、高级临床心理诊断技术研

究、决策研究新进展、群体社会心理研究、工业与组织心理学、临床与咨询心理学发展、组织心理与行为研究、社会心理学专题、临床心理学研究、社会心理学进展与研究、团体心理训练等。

④培养目标:具有心理测量、职业指导、用户研究、心理咨询与治疗等技能的技术应用型人才,具备运用心理学知识解决实际问题的能力,胜任社会各行各业中与心理相关的实际工作。

➡ 专业硕士:应用心理硕士

- 培养方向

为适应经济社会发展对应用心理专门人才的需求,完善应用心理人才培养体系,我国设置应用心理硕士专业学位,从 2011 年开始全国统考,面向全国统一招收全日制或非全日制硕士。培养从事某一特定职业所必需的心理学技能的应用型专业人才,以解决都市压力、公共安全、灾害救助、危机防御等方面的实际问题。

按教育部要求,应用心理硕士课程设置要反映职业领域对专门人才的知识与素质要求,注重实际操作能力的培养,通常无发表论文要求。教学方法重视运用案例分析、现场研究、模拟训练等方法。培养过程须突出应用心

理实践导向，加强实践教学，实践教学时间不少于半年。

依照教师研究方向，各高校专业设置各有不同，常见的有心理测量、管理/工业心理学、广告与消费心理学、用户体验、运动与康复心理学、人力资源管理心理学、咨询/医学与临床心理学、犯罪心理学等。具体可查阅各高校的公共管理硕士（MAP）招生简章与培养方案。

- 常见主要专业课程

应用心理统计学、应用心理测量学、社会心理学应用、人格心理学观点与应用、组织心理与行为、组织心理学专题讲座、用户体验和可用性研究、应用心理学研究方法和实用技术、当代心理咨询/治疗理论新发展、心理学研究思维与学位论文写作等。

★ 心理学博士专业及研究方向

我国心理学博士研究生与学术硕士研究生一样，分为基础心理学、发展与教育心理学、应用心理学三个大方向（课程介绍参见硕士研究生部分）。相对于学术硕士研究生，博士研究生的研究方向显著减少，在自己的细分领域中前人成果更少，需要更多原创性工作，以及为完成这些原创性工作而进行的探索、学习与试错。

目前我国高校招收攻读博士学位研究生三种常见的招生方式有直接攻读博士学位、硕博连读和“申请－考核制”。下面列举一些常见的博士专业细分方向。

➡ 偏理科方向

就读该方向博士需要具备较强的数理统计、实验设计、生理学基础及编程能力（如 Matlab）。

- 认知心理学（cognitive psychology），是当代心理学的主流，是贴近理科的心理学分支之一。最好是心理学、生物、基础医学、数学、物理、计算机专业毕业的或者具有很强的相关背景。具有文科背景的学生不建议考虑。

- 认知脑神经科学（cognitive neuroscience），是较有学术前途的研究方向之一，适合具有医学、生物背景的学生，主要研究大脑与各种心理活动的关系。

- 工程心理学（engineering psychology），偏重于产品或者工具的设计和心理及行为的关系。招考更偏重具有实验设计能力与有生理学基础的硕士水平的学生。

★ 文理结合的方向

- 社会心理学（social psychology），研究方向颇广，

主要研究在特定文化环境中的群体心理，也就是社会行为规律及其隐藏的内在心理机制，对研究者的人文底蕴、写作功底等要求较高。主要包括研究态度、社会知觉、价值取向、沟通与人际关系、助人与侵犯、从众与服从、群体中的相互影响等，需要长时间的积累。攻读博士学位期间需要涉猎很多不同领域的理论，比如社会学、人类学等，对阅读量的要求很高。还应具备较强的统计（SPSS，SAS）与实验设计能力。毕业后通常从事研究工作。

- 人格心理学（personality psychology），主要研究人格类型以及相关的问题。需要较强的问卷开发及修订能力。

- 发展心理学（developmental psychology），通常分两类，即研究毕生发展和青少年发展。多做纵向研究，需要对纵向研究的方法、设计、统计能力有较好掌握。对阅读量和写作水平的要求很高，做纵向研究对统计方法的要求颇高，因为要跟踪几百个孩子好几年，这些数据的分析技术对研究者是个挑战。毕业后可以进高校，也可以做和儿童、家庭相关的工作。

- 工业与组织心理学（industrial and organizational psychology）：与企业紧密结合的方向，与人力资源有一定交叉，适合有商科背景和工作经历的申请者。比较微观地解析各种组织环境下的相关行为。用心理学原理和方法研究社会生活各领域中人的管理行为特点及规律的学科。主要研究工作分析与环境设计、人员选拔和测评、培训和职业发展、绩效评估与反馈、领导行为与决策、职业健康心理、员工帮助计划（EAP）、组织与员工促进、组织变革与危机应对等。国外商学院中也有该方向。

➡ 较边缘的方向

• 计量心理学（quantitative psychology），研究心理测量理论、方法和应用技术。以经典测量理论、现代测量理论和心理统计学原理为基础，主要研究心理物理学、心理量表法、心理与教育测验等理论和方法。该学科对数理能力要求很高，对测量的要求较统计相对低些，主要有两个大方向：统计和测量。二者尤其是统计方向需要研究者具备相当的编程能力或者软件使用能力。读书期间需要学会使用 SAS，SPSS，R 等软件。如果独立进行方法性的研究，还需要对数据的模拟技术有很好的了解。

• 消费者行为学（consumer behavior），与商科挂钩很紧密，统计能力非常重要，掌握越多的高级统计方法（如因素分析、路径分析、析因分析）越好，因为研究对象决定了实验对于很多变量缺乏控制，故需要良好的统计

控制和演算才能做出结果。问卷的设计和修订也非常重要。

• 进化论心理学(evolutionary psychology)，采用进化论研究人类整体的行为。强调统计能力，具备一些数学建模能力，因为其中涉及一些演算而非实验，以及现代进化论知识。

此外，国内开设临床与咨询心理学博士方向较少，国外该方向博士申请难度较大。

➡ 相关专业在哪些学校设置？

教育部阳光高考信息平台数据显示，截至 2020 年，全国共有 70 余所本科高校开设心理学专业，开设该专业的院校主要以师范类和综合类院校为主，师范类院校有北京师范大学、首都师范大学、华东师范大学、陕西师范大学等；综合类院校有北京大学、复旦大学、浙江大学等。除此之外，一些公安院校、体育类院校、地方高校和独立学院也开设心理学专业。由于学校办学特色或发展定位不同，各校专业设置与人才培养也备具特色。

另外，高校根据各专业学习的需要，对学生的身体条件有相应要求。《普通高等学校招生体检工作指导意见》

规定，心理学专业可以不予录取患有轻度色觉异常（俗称色弱）的学生。因此高中生报考时需要认真阅读各高校招生章程及《报考指南》中的具体要求。

➡ 从事心理学专业的人需要具备的素质

- 科学精神

心理学具有半理科半社科的学科性质，理科的一面崇尚科学的严谨性和可重复性，很多分支会使用实验方法进行研究，用数据来说明结果，涉及统计学、实验心理学等，需要数学能力、分析能力、逻辑思维能力。科学精神要求人们理解知识的产生过程，坚持认识的客观性和辩证性，同时了解人类知识的局限性与前进方式。

- 对人与社会真诚地感兴趣

对个人的精神世界抱有持续的好奇心，例如人们为什么预料的事件走向和实际发生的并不一致（认知失调），为什么计划的时间在实践中总是不够用（计划谬误），等等；或者对组织、战争等更大环境的群体心理有探究与思考的动力，乐于思考人类的心理活动。

- 能够沉下心进行研究实践

心理学并不是技能型的学科，如果无法从中得到乐趣，沉下心来学习探索，而将金钱或社会地位作为第一考量，会较难达到目标。

★ 社会心理机构的心理技术等培训

心理机构培训是区别于学历教育的教育形式，商业心理培训的登记机关是工商局。培训机构是以营利为目的的商业机构，培训课程是公司的商品，培训机构不能提供学历教育，也不可能提供劳动部门的上岗认证教育培训。常见形式包括讲座、读书会、团体体验等。

培训课程的对象大体分布在以下连续谱上：大众—心理学爱好者—心理咨询师。

➡ 面向大众的培训课程

一般是针对有具体困扰或渴望，因而产生相应需求的人群，如有亲子关系困扰的父母，有亲密关系、职场关系等人际关系困扰的人群等。如优势训练营、正确与青春期孩子沟通、有效提升睡眠质量、社会爱情课等。心理学爱好者通常对生活、对自我有更多探索性的思考与愿望，以自我成长为推动力选择培训，有人从大众培训课程进入，越学习越深入；也有人最终决定转变职业发展路径，改行成为心理咨询师。较之具体的困扰或渴望，成长系列类的课程内容常常更系统、更深入。

➡ 面向心理咨询师的培训课程

面向心理咨询师的课程内容通常包括咨询理论模型、具体干预技术、团体督导，形式还包括长程综合项目、实践项目等。课程名称如心理创伤干预、叙事疗法精讲、团体沙盘心理技术、格式塔疗法、正念疗法、心理咨询师培养计划、亚隆体系团体咨询师培训、心理热线实习训练项目、中德班长程培训等。可参照后文中“心理咨询师的成长之路”。

▶ 心理学专业毕业后的出路在哪里？

在浩如烟海的心理学信息面前，如何拨开迷雾，去伪存真，成为一个明智的心理学信息的消费者？心理学会教给我们科学实用的批判性思维技能，将真正的心理学研究从伪心理学中区分出来。

★ 学心理学最大的受益者是自己

心理学很多时候是与生活有关的哲学。无论什么样的心理学理论，只有与感性的体验世界连接起来才能体现出它活泼的生命力和解释力，这也要求我们不断开放自己相对封闭的内心，在现实的关系之中去体悟它们。

当我内心发生变化，当我真正释怀，我发现所有的关

系都发生了很大的变化：与自己、与他人、与世界。我对自己更温柔，同时也感到自己更有力量。我更能理解人们，越来越多地体会和践行“己所不欲，勿施于人”，与他人相处得更和谐，感受到更多的爱。我更能在世界中做自己，贯彻自己的意志，看到世界因我而不同。

“我”才是心理学最大的受益者，其次受益的是“我”身边的人，由近及远，“我”所触及的人群也会感受到心理学的正能量。

★ 心理咨询师的成长之路

➡ 心理咨询师的职业之路

- 接受教育

学历教育：国内高校心理咨询方向的学术硕士、专业硕士与博士（较少）毕业，或国外各类临床、咨询或心理治疗方向硕士、博士（较少）毕业，有条件的学校会为学生在校期间提供完成基本理论学习、技能学习与临床实习的机会。

培训机构：国内取消咨询师职业资格证后，社会培训机构及部分高校设置了心理咨询师1～3年的长程培训项目，项目中通常包括基本理论学习、技能学习与临床实习。

- 大量实践

完成学历教育的心理咨询师可以选择进入体制内的高校、中小学、医院或政府机构，从事与咨询相关的工作。

如果希望专职从事心理咨询工作，可以选择个人执业、应聘其他工作室或员工帮助计划（EAP）公司。一名咨询师的成长需要前期大量时间和金钱的投入。随着互联网的发展，咨询师成长的平台变大了，机会也在增多。

➡ 专业成长路程

一个常见的说法是，心理咨询师是用整个人作为工具在工作，那么其专业成长之路一部分也是其个人成长之路了。

取得学习证明材料、站在职业之路的起点，也同样是专业成长之路的起点。有选择地参加一些主流疗法的长程培训，如中德精神分析班、中挪精神分析班、中美认知行为疗法班、中英人本聚焦疗法班、中德家庭治疗班、中加情绪聚焦疗法班等，这种培训通常长达两到五年。参加个体督导及团体督导，成立学习小组，为持续发展提供动力与支持。

在不断学习实践之余，心理咨询师也要作为来访者接受心理咨询（又叫自我体验）。持续的自我照顾、自省、

阅读、体验，一直保持学习、自我探索和开放的态度。

Rønnestad M. H 和 Skovholt T. M 在纵向研究中提出了心理咨询师职业发展的六阶段。

未入门的热心助人者：在正式学习心理咨询知识之前，较多凭借着满腔的热情去向身边的人提供帮助，我们称之为“热心助人者”，在性质上还并不属于专业助人的角色。主要特点：作为一个热心但外行的助人者，总想快速定性问题，并基于自身的经验、价值观、常识等为他人提供建议和解决办法。同时对于帮助的对象往往有极大的情感卷入，试图提供强烈的情感支持。

初学者咨询师：处于正式学习心理咨询的第 1～2 年，接触大量新鲜的心理咨询专业知识、来访者等，是从“外行”向“专业”转变的第一步，也是咨询师专业/职业生涯中最脆弱的阶段，信息量过大，易产生自我怀疑和焦虑。

实习期咨询师：经过 1～2 年的心理咨询知识学习，初学者咨询师们可以较多地通过实习来提高专业知识与技能，会有 1～2 年在督导的陪伴下更高频率地接触个案，开始能够意识到自身人格特征对于咨询的影响。

初级咨询师：经过 3～4 年的专业学习和实践，离开系统学习环境，以专业咨询师的身份正式接待个案，开始正式的执业路程，进行咨询行为以及观念上的重新建构；感受咨询过程的复杂性，以及自身人格特征对咨询工作的影响；能够基本明确自己的咨询取向。

成熟咨询师：稳定地正式接待个案1～2年，咨询师基本具备一定的咨询经验，能够以相对有经验的姿态较熟练地提供专业的心理咨询服务，从而进入较有经验的咨询师阶段，从此到下一阶段（资深咨询师）会持续约20年。

资深咨询师：专职地、稳定地执业20～25年，逐渐成为行业内的资深前辈，进入资深咨询师的职业阶段。

★ 哪里缺心理人才？

➡ 感兴趣的人多

心理学是一门特别的学科，它因以人为研究对象而特别吸引人，但也因这个研究对象而让职业发展变得复杂。凡是有人存在的地方就需要心理学，但很多地方对心理学的需求并非强烈到需要一个完整的职位来承载它。所以在很多行业与组织机构中，无论领导还是员工都会喟叹心理学是如此重要，却在设置工作岗位时轻轻地将它略过。张厚粲先生曾说心理学更像是一款调味

品，尽管对菜品的味道起关键作用，却没有主要食材那么重要。

不过，随着时代的发展，随着人的因素在社会生产中起着越来越关键的作用，心理学在越来越多的行业中摆脱了调味品的地位。心理咨询与心理治疗已经被社会广泛接受并以多种职业形态存在着，心理测评也在公务员选拔、大型考试以及各类人力资源管理机构中得到高度重视，心理学在基础教育中的作用正在升温。

➡ 就业去向

心理学毕业生的就业去向有很多分类方式，其中一种方式分为四大类：一是企业；二是学校、政府部门、医院等体制内单位；三是高校、研究所等从事学术科研的单位；四是心理咨询行业。

- 企业

①后端：面向企业内部，即猎头（人才中介）、企业咨询、人力资源管理。这部分市场需求不少，主要是人力资源方面。心理学专业学生和人力资源管理专业的学生不同，心理学专业学生倡导人性化管理，与人力资源管理专业的学生有所互补。其中本科为人力资源专业的学生也

有不少。在心理系交叉学习之后，往往比人力资源管理的学生更具有职业竞争力。

②前端：面向用户，即产品设计、互联网运营、消费者研究、销售、用户体验等。很多同学，尤其是工科与心理学本科生都想去做用户体验方向的工作，而未来也想做产品相关的工作。对于非程序员来讲，这也是进入大公司谋求高薪的一个机会。而未来相关的岗位也会越来越多。

举例来说，用户体验是用户在使用产品的过程中感受的总和，通俗来讲就是“这个东西好不好用、方不方便”。用户体验行业旨在为用户解决基本功能问题，提升产品良好的使用感受，满足用户的情感诉求。用户体验针对的产品不局限在实物，也包括虚拟产品，比如手机应用、服务等。目前，各种各样的行业都已经逐渐意识到了良好的用户体验对于产品开发与推广的重要性，并在公司内设立相关的部门。

- 体制内单位

①中小学

教育部要求每所中小学至少配备一名心理教师，而实际上中小学校对心理教师的需求确实也很大。有的学校重视心理健康教育，将心理健康教育开展得很有特色。

当然这类学校中心理教师也会根据学校实际情况进行一些教育研究。

②政府部门

招收心理学毕业生的一般是公安系统：公安局、劳教所、监狱、边检站等。部分单位对于受聘人员的身体要求比较严格，有的还需要进行体能测试。

③医院和诊所

医疗系统中，精神科医生具有医学背景，心理咨询师有心理学背景，没有处方权。心理治疗师需要同时有医学背景和心理学背景。学习临床心理学和医学心理学的学生，可以去医院或心理诊所从事心理咨询和治疗的工作。

- 做学术

①高校教师

大学院校心理学系的教师，绝大部分要求是要具有博士学位，从事心理专业的教学工作，或是心理健康中心的咨询工作，或是学生管理工作。

②科研人员

专门做心理学研究，一般会进入高校研究所、中科院系统或地方科研院所。

- 心理咨询行业

目前国内的心理咨询市场还不大，发达地区的需求可能比较大，一线城市在这方面的消费水平也在逐渐提高，心理咨询师的时薪在几百元到上千元不等。这个行业需要比较大的前期投入，包括时间和金钱两部分。因为要有大量的经验积累，必须要参加各类培训班，花时间实践，积累了一定经验和口碑后才会有社会正常水平的收入。

如果特别热爱这个行业，能够通过系统教育的筛选，那心理咨询师就很适合你了。但还是要清楚这条路是不好走的，要做好心理准备。

★ “热爱＋坚持”就有可能成功

有趣的是，心理学与生活哲学连接的部分，有时会解构“成功”这一概念，让这个处处可见的词变得模糊和可疑起来。

“热爱＋坚持”这部分心理学的学习，有可能会成功，

大概率会有的收获则包括：心理症状消失或缓解，内省力与自主感发展，身份认同感更稳固，以现实为基础的自尊感增强，认识并处理情绪的能力改善，自我力量增加，扩展爱、工作及人际交往能力，愉悦与平和的情感体验增多。

参考文献

[1] 毛姆. 月亮与六便士. 李继宏,译. 南京:江苏凤凰文艺出版社,2019

[2] 彭聃龄. 普通心理学. 北京:北京师范大学出版社,2019

[3] 崔丽娟. 心理学是什么. 北京:北京大学出版社,2015

[4] 罗伯特·费尔德曼,黄希庭. 心理学与我们. 黄希庭,等,译. 北京:人民邮电出版社,2020

[5] 心灵花园. 心理学是什么. 北京:台海出版社,2018

[6] 比尔·波特. 空谷幽兰. 明洁,译. 成都:四川出版社,2017

[7] 简·奥斯丁. 傲慢与偏见. 孙致礼,译. 西安:西安交通大学出版社，2017

[8] 马里奥·普佐. 教父. 姚向辉,译. 南京:江苏文艺出版社，2014

[9] 卡尔文·霍尔. 荣格心理学七讲. 冯川,译. 北京:北京大学出版社，2017

[10] 约翰·鲍尔比. 依恋三部曲. 汪智艳,王婷婷,付琳,等,译. 北京:世界图书出版公司，2017

[11] 尤瓦尔·赫拉利. 人类简史——从动物到上帝. 林俊宏,译. 2 版. 北京:中信出版社，2017

[12] 沈家宏. 原生家庭. 北京:中国人民大学出版社，2018

[13] 罗纳德·理查德. 超越原生家庭. 牛振宇,译. 4 版. 北京:机械出版社，2018

[14] 克里希那南达,阿曼达. 走出恐惧. 王静娟,译. 桂林:漓江出版社，2011

[15] 张天布. 冲突背后的冲突. 广州:广东旅游出版社，2020

[16] 西格蒙德·弗洛伊德. 梦的解析. 孙名之,译. 北京:商务印书馆,2020

[17] 阿尔弗雷德·阿德勒. 自卑与超越. 李青霞,译. 沈阳:沈阳出版社,2012

[18] 西格蒙德·弗洛伊德. 自我与本我. 张唤民,陈伟奇,林尘,译. 上海:上海译文出版社,2010

[19] 海伦·帕尔默. 九型人格. 徐扬,译. 北京:华夏出版社,2006

[20] 提摩西·加尔韦. 身心合一的奇迹力量. 于娟娟,译. 北京:华夏出版社,2013

[21] 武志红. 拥有一个你说了算的人生. 北京:民主与建设出版社,2019

[22] 鲁思·本尼迪克特. 菊与刀. 栗冬,译. 沈阳:万卷出版公司,2019

[23] 李孟潮. 浊眼观影. 北京:台海出版社,2019

[24] 米哈里·契克森米哈赖. 心流. 张定绮,译. 北京:中信出版社,2017

[25] 北京大学心理与认知科学学院. 心理与认知科学学

院本科教学计划. 北京大学心理与认知科学学院网站

[26] 北京师范大学心理学部. 心理学专业本科生培养方案. 北京师范大学心理学部网站

[27] 北京师范大学心理学部. 北京师范大学学术学位研究生培养方案(2015 版). 北京师范大学心理学部网站

[28] 北京大学心理与认知科学学院. 应用心理硕士(全日制)培养方案. 北京大学心理与认知科学学院网站

[29] 北京师范大学心理学部. 北师大 MAP 临床与咨询方向 2020 级培养手册. 北京师范大学心理学部网站

[30] 南希·麦克威廉斯. 精神分析治疗:实践指导. 北京:中国轻工业出版社，2015

[31] 基思·斯坦诺维奇. 对伪心理学说不. 北京:人民邮电出版社，2012

[32] 2019 中国心理咨询行业人群洞察报告. 壹心理网站

[33] 2020 大众心理健康洞察报告. 简单心理网站

[34] Rønnestad M, Skovholt T. The journey of the counselor and therapist: Research findings and perspectives on professional development. Journal of Career Development, 2003, 30(1): 5-44.

[35] 京师心理大学堂. 心理学职业发展手册. 2018

[36] 马丁·塞利格曼. 认识自己，接纳自己. 任俊，译. 杭州：浙江教育出版社，2020

[37] 塔亚布·拉希德，马丁·塞利格曼. 积极心理学治疗手册. 邓之君，译. 北京：中信出版社，2020

“走进大学”丛书拟出版书目

什么是机械？　邓宗全　中国工程院院士
　　　　　　　　　　　哈尔滨工业大学机电工程学院教授（作序）
　　　　　　　王德伦　大连理工大学机械工程学院教授
　　　　　　　　　　　全国机械原理教学研究会理事长
什么是材料？　赵　杰　大连理工大学材料科学与工程学院教授
　　　　　　　　　　　宝钢教育奖优秀教师奖获得者
什么是能源动力？
　　　　　　　尹洪超　大连理工大学能源与动力学院教授
什么是电气？　王淑娟　哈尔滨工业大学电气工程及自动化学院院长、教授
　　　　　　　　　　　国家级教学名师
　　　　　　　聂秋月　哈尔滨工业大学电气工程及自动化学院副院长、教授
什么是电子信息？
　　　　　　　殷福亮　大连理工大学控制科学与工程学院教授
　　　　　　　　　　　入选教育部“跨世纪优秀人才支持计划”
什么是自动化？王　伟　大连理工大学控制科学与工程学院教授
　　　　　　　　　　　国家杰出青年科学基金获得者（主审）
　　　　　　　王宏伟　大连理工大学控制科学与工程学院教授
　　　　　　　王　东　大连理工大学控制科学与工程学院教授
　　　　　　　夏　浩　大连理工大学控制科学与工程学院院长、教授
什么是计算机？嵩　天　北京理工大学网络空间安全学院副院长、教授
　　　　　　　　　　　北京市青年教学名师
什么是土木？　李宏男　大连理工大学土木工程学院教授
　　　　　　　　　　　教育部“长江学者”特聘教授
　　　　　　　　　　　国家杰出青年科学基金获得者
　　　　　　　　　　　国家级有突出贡献的中青年科技专家

什么是水利？ 张 弛 大连理工大学建设工程学部部长、教授
教育部“长江学者”特聘教授
国家杰出青年科学基金获得者

什么是化学工程？
贺高红 大连理工大学化工学院教授
教育部“长江学者”特聘教授
国家杰出青年科学基金获得者
李祥村 大连理工大学化工学院副教授

什么是地质？ 殷长春 吉林大学地球探测科学与技术学院教授(作序)
曾 勇 中国矿业大学资源与地球科学学院教授
首届国家级普通高校教学名师
刘志新 中国矿业大学资源与地球科学学院副院长、教授

什么是矿业？ 万志军 中国矿业大学矿业工程学院副院长、教授
入选教育部“新世纪优秀人才支持计划”

什么是纺织？ 伏广伟 中国纺织工程学会理事长(作序)
郑来久 大连工业大学纺织与材料工程学院二级教授
中国纺织学术带头人

什么是轻工？ 石 碧 中国工程院院士
四川大学轻纺与食品学院教授(作序)
平清伟 大连工业大学轻工与化学工程学院教授

什么是交通运输？
赵胜川 大连理工大学交通运输学院教授
日本东京大学工学部 Fellow

什么是海洋工程？
柳淑学 大连理工大学水利工程学院研究员
入选教育部“新世纪优秀人才支持计划”
李金宣 大连理工大学水利工程学院副教授

什么是航空航天？
万志强 北京航空航天大学航空科学与工程学院副院长、教授
北京市青年教学名师
杨 超 北京航空航天大学航空科学与工程学院教授
入选教育部“新世纪优秀人才支持计划”
北京市教学名师

什么是环境科学与工程？

陈景文　大连理工大学环境学院教授
教育部“长江学者”特聘教授
国家杰出青年科学基金获得者

什么是生物医学工程？

万遂人　东南大学生物科学与医学工程学院教授
中国生物医学工程学会副理事长（作序）

邱天爽　大连理工大学生物医学工程学院教授
宝钢教育奖优秀教师奖获得者

刘　蓉　大连理工大学生物医学工程学院副教授

齐莉萍　大连理工大学生物医学工程学院副教授

什么是食品科学与工程？

朱蓓薇　中国工程院院士
大连工业大学食品学院教授

什么是建筑？　齐　康　中国科学院院士
东南大学建筑研究所所长、教授（作序）

唐　建　大连理工大学建筑与艺术学院院长、教授
国家一级注册建筑师

什么是生物工程？

贾凌云　大连理工大学生物工程学院院长、教授
入选教育部“新世纪优秀人才支持计划”

袁文杰　大连理工大学生物工程学院副院长、副教授

什么是农学？　陈温福　中国工程院院士
沈阳农业大学农学院教授（作序）

于海秋　沈阳农业大学农学院院长、教授

周宇飞　沈阳农业大学农学院副教授

徐正进　沈阳农业大学农学院教授

什么是医学？　任守双　哈尔滨医科大学马克思主义学院教授

什么是数学？　李海涛　山东师范大学数学与统计学院教授

赵国栋　山东师范大学数学与统计学院副教授

什么是物理学？　孙　平　山东师范大学物理与电子科学学院教授

李　健　山东师范大学物理与电子科学学院教授

什么是化学？	**陶胜洋**	大连理工大学化工学院副院长、教授
	王玉超	大连理工大学化工学院副教授
	张利静	大连理工大学化工学院副教授
什么是力学？	**郭　旭**	大连理工大学工程力学系主任、教授 教育部“长江学者”特聘教授 国家杰出青年科学基金获得者
	杨迪雄	大连理工大学工程力学系教授
	郑勇刚	大连理工大学工程力学系副主任、教授
什么是心理学？	**李　焰**	清华大学学生心理发展指导中心主任、教授（主审）
	于　晶	辽宁师范大学教授
什么是哲学？	**林德宏**	南京大学哲学系教授 南京大学人文社会科学荣誉资深教授
	刘　鹏	南京大学哲学系副主任、副教授
什么是经济学？	**原毅军**	大连理工大学经济管理学院教授
什么是社会学？	**张建明**	中国人民大学党委原常务副书记、教授（作序）
	陈劲松	中国人民大学社会与人口学院教授
	仲婧然	中国人民大学社会与人口学院博士研究生
	陈含章	中国人民大学社会与人口学院硕士研究生 全国心理咨询师（三级）、全国人力资源师（三级）
什么是民族学？	**南文渊**	大连民族大学东北少数民族研究院教授
什么是教育学？	**孙阳春**	大连理工大学高等教育研究院教授
	林　杰	大连理工大学高等教育研究院副教授
什么是新闻传播学？		
	陈力丹	中国人民大学新闻学院荣誉一级教授 中国社会科学院高级职称评定委员
	陈俊妮	中国民族大学新闻与传播学院副教授
什么是管理学？	**齐丽云**	大连理工大学经济管理学院副教授
	汪克夷	大连理工大学经济管理学院教授
什么是艺术学？	**陈晓春**	中国传媒大学艺术研究院教授